狗狗身體求救訊號
〔全圖解〕

推薦序

生命之平等，照護動物、追求動物福祉也是天職

我自外科起家，1971 年完成外科訓練回到故鄉彰化行醫，累積了不少經驗之後建立「秀傳紀念醫院」；也曾經競選立委及組成厚生會去推動各種醫療社福的政策落實於法案。我引進微創手術已達 39 年，是台灣第一位引入者。我於 2008 年與法國微創手術訓練中心（IRCAD）合作，在彰濱秀傳健康園區建立「秀傳亞洲遠距微創手術訓練中心（AITS）」培育跨國人才，距今也有 14 年之久。以前的醫療技術思維從大醫師大傷口（Big Surgeon, Big Incision），轉變為大醫師小傷口（Big Surgeon, Small Incision），甚至是無傷口，這些是我們看到在人類醫療手術上的演進。當我們思考到愛屋及屋的概念後，這些技術及經驗如何從運用在人類推廣至動物上呢？希望人有的待遇，我們的寵物也有相同的待遇。毛孩不像人，疼痛可以透過言語表達，甚至牠們怕主人擔心，不輕易表現出自己的疼痛。但是身為他們的家人，我們能做的就是儘量減少他們因受傷或是生死關頭時面臨手術所需要承受的痛，而微創手術的優點就是出血少、傷口小、復原快、能將疼痛感降到最低。因此傳騏動物醫院成立宗旨包含推動微創手術及其教學訓練，期許成為台灣領先的寵物微創醫療中心以及全方位照護中心。

從 2021 年到今年（2022 年）4 月，傳騏動物醫院提供台中動保處及彰化動保所免費進行「100 台浪浪微創絕育手術」，不僅是希望能為台灣的流浪狗盡一點心力，也為了台灣獸醫微創手術的推廣。我們持續開辦進階微創訓練課程，身為台灣第一家寵物微創手術訓練中心，我們將竭盡心力將微創手術的技術推廣至全台所有獸醫師及動物醫院，希望能感動飼主，也可以感動獸醫師！

秀傳醫療體系總裁 & 立法院厚生會創始會長　**黃明和**

作者序

毛小孩日常照料的技巧

當家中的毛小孩出現異常的時候，最為緊張的，莫過於家長，很可能第一時間就是尋求醫療協助。不過，在將家中毛小孩送往動物醫院前，家長如果能夠有所準備，就能讓診療過程更加順利、精確。

家長需要提供獸醫師的相關資訊，諸如毛小孩的精神、活力、飲食狀況、排尿 / 排便的狀況、醫療紀錄、或是自行投藥等，都是獸醫師問診時的重要參考。此外，我們也希望家長能對於毛小孩的診療過程，能有初步的了解，因此決定出版這本書。

本書是從獸醫師的觀點出發，讓家長了解，當毛小孩有哪些異常狀況發生時，在就診時可能對應的相關檢查，這些症狀對應的可能疾病與應該注意的事項。內容除了採用問答的方式來進行文字闡釋之外，也會同時提供問答的有聲內容音檔下載 QR 碼，讓家長也可以用「聽」的來獲取知識。

希望這本書，能有助於各位家長在面對毛小孩的異常狀況時，減少驚慌失措，並能與醫師互相合作，讓毛小孩得到更妥善的照護。正因為看到這樣的趨勢，除了鼎澄生醫公司之外，更在因緣際會下與中興大學獸醫學院李醫師教授一起合作，成立了傳騏動物醫院。

我們都知道，食療和藥療是相輔相成，缺一不可的。以平常的保養來說，好的食物的營養成分經消化、吸收、代謝、利用後，確實能預防疾病發生，並改善身體小病痛及體質。預防勝於治療，等到疾病發生再補救，不如平時替我們的毛小小孩挑對該補充的營養素，來促進健康、延緩老化、改善不適狀態。

這本書我從營養的觀點來說明除了用藥外，還有哪些營養元素可以協助毛小孩擺脫疾病及不適感。在醫學實證上，我們的確也看到很多毛小孩因為補充了缺乏的營養成分，疾病能更快痊癒，早日恢復健康。希望各位家長能藉此書瞭解到如何在平時保養毛小孩的身體，並降低疾病的發生率。

Contonts

PART 2
帶狗狗就醫前，先確認這 7 件事

PART 3
狗狗五官出現異常，是健康一大警訊！

PART 4

狗狗行為出現異常，是健康一大警訊！

【特別收錄】

【隨書附贈】

認識狗狗五官構造

｜耳朵｜

狗狗的耳道可以分為「外耳、中耳、內耳」，耳朵疾病的產生則主要和寄生蟲感染、日常過度清理或疏於清潔有關，其中「外耳炎」可以說是狗狗最容易罹患的耳朵疾病。狗狗耳朵的異常症狀，包含發臭、出血、紅腫、流出異常分泌物等等。

｜眼睛｜

狗狗常見的眼睛疾病包含角膜炎、乾眼症、白內障，其中老化對狗狗眼睛造成的影響很大。狗狗眼睛的異常症狀，包含淚液過多或過少、眼白發紅、眼睛上出現灰白色物質、眼屎增加、眼瞼脫出等。

鼻子

鼻子是狗狗非常敏感的一個器官，鼻子內有大量小溝槽，可以吸附氣味分子，和人類一樣，狗狗也會出現打噴嚏、流鼻水和鼻涕等症狀，屬於常見的過敏性鼻炎反應，不過要特別提防狗狗鼻子出現皸裂、或者出現惡臭的情況，那表示狗狗受到細菌或病毒嚴重感染了。

嘴巴

狗狗的唾液有清潔口腔、殺菌的作用。狗狗嘴巴出現異常最明顯的症狀流很多口水以及口臭。狗狗的口腔健康也和免疫力、日常照顧狀況有關，當免疫力低下時，口腔就容易出現異常狀況。

皮膚

常見的狗狗皮膚病症狀，包含脫毛、泛紅、長疹子等，皮膚問題多由內分泌異常、黴菌或寄生蟲感染、對環境或食物過敏引起。最常見的皮膚疾病則是「異位性皮膚炎」，皮膚疾病多半需要較長的治療時間，需要飼主多一點耐心陪狗狗一起面對。

認識狗狗身體內部結構

喉部

狗的喉部由軟骨，肌肉和韌帶組成，狗的喉頭上有會厭軟骨，當狗狗吞下食物時，可以擋住氣管的入口，防止食物進入氣管。

氣管

連接喉部和支氣管的通道，由一圈圈的環形軟骨組成，負責運送空氣。當環形軟骨失去硬度、彈性時，會造成狗狗氣管塌陷，症狀是乾咳、呼吸急促或有呼吸有異音等情況。

食道

食道是輸送食物的器官。食物進入狗狗的喉部時，食道的上括約肌會打開，讓食物進入食道，食道會開始分泌黏液並且不斷蠕動，讓食物可以順利送到胃部，當食物送達胃部，食道末端的下括約肌就會收縮，防止胃部的物質逆流回食道。

胃

胃是消化蛋白質的重要器官。當食物從食道進入胃，胃會分泌胃酸、蛋白質消化酵素和黏液，並進行蠕動，將食物消化成黏稠的糊狀。

腸

腸道是狗狗的吸收和消化器官。和胃連接的部分為小腸，由「十二指腸、空腸、迴腸」構成，十二指腸負責消化（包含蛋白質、脂肪、碳水化合物），空腸和迴腸則負責吸收所有營養素，再讓營養素進入肝臟或淋巴管，小腸連接著大腸，大腸則吸收剩餘食物殘渣中的水分和電解質，最後的食物殘渣才在此處形成糞便。

脊椎

狗狗的脊椎是平行於地面的，人的脊椎則是垂直地面的，因此狗狗上下樓梯對脊椎的傷害很大。脊椎分成許多節，各節骨頭中間具有緩衝摩擦的椎間盤，不過隨著狗狗老化，椎間盤會退化甚至脫出，最常發生脫出的部位是腰椎和頸椎。

肺

肺是提供身體氧氣的器官，由大量的氣管、支氣管、肺泡、血管組成，肺泡和血管幾乎相疊，以便快速將氧氣透過血液輸送到身體各部分，當肺部受到感染、功能受損，或者肺泡被身體其他部位滲出的液體占滿（肺積水），狗狗就會產生缺氧的情況。

脾

脾臟是狗狗體內負責造血、儲血的器官，由於其中含有淋巴，可以過濾病菌、製造抗體，因此也是參與免疫反應的器官。

肝

肝主要負責有害物質的分解、營養素的合成和分解以及膽汁的合成，屬於沉默的器官，在病況沒有嚴重惡化時，不容易出現症狀。

心臟

負責全身血液循環的器官。由肌肉（心肌）、瓣膜、血管組成的中空器官，可分成四個腔室——右心房、右心室、左心房、左心室，心室負責推送血液，心房則負責接收血液，當心臟輸送的血液不足，或者血液無法正常流回心臟而在其他部位如肺、胸腔停留時，都會出現危險。

膀胱

負責貯存尿液的器官。在腎臟製造的尿液，會透過輸尿管送至膀胱暫時貯存，再透過尿道排出體外，其中，腎臟和輸尿管稱為「上泌尿道」；膀胱和尿道稱為「下泌尿道」。

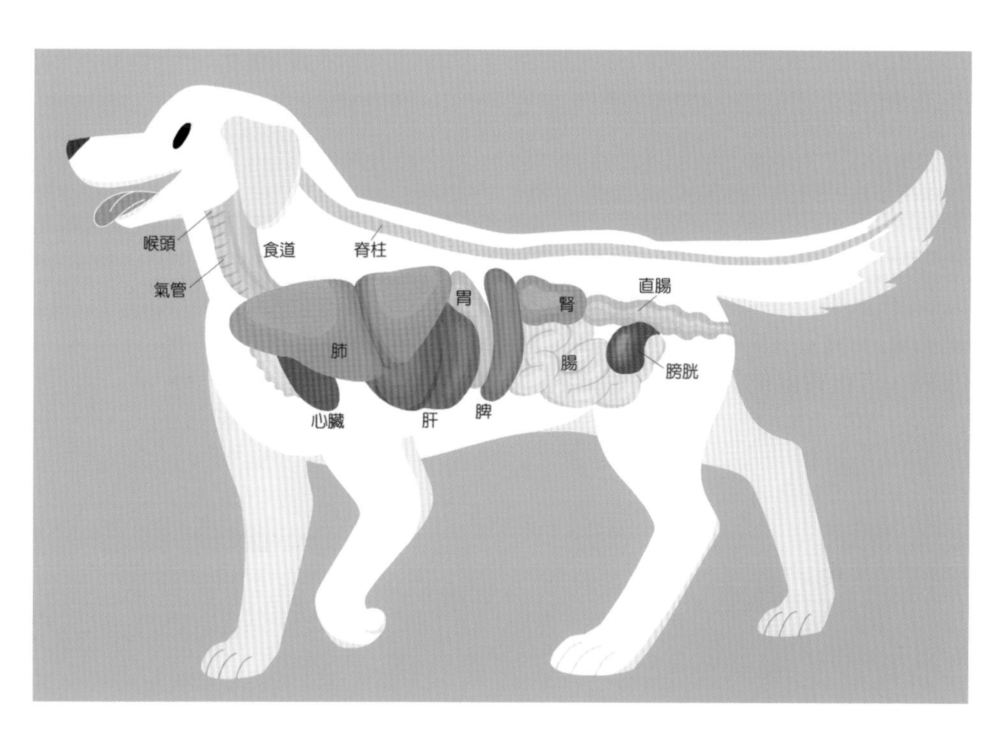

毛孩生病不驚慌，治療方式全解析

獸醫師診察的邏輯

一旦家長發現到毛小孩的飲食習慣、行為舉止或是體態等，發生了變化，往往就會將毛小孩帶至動物醫院進行檢查。獸醫師對毛小孩的檢查，一般都會在診療室從問診開始，但是臨床檢查是從一進門或是在候診的時候就已經開始，這時候的檢查，可以從毛小孩的步態、精神、外觀等表現，進行初步的觀察。診療室內的檢查從理學檢查開始，並從中衍生出相對應的其他檢查。

基本的臨床檢查包括問診、視診、聽診、觸診、叩診、確認生理數值。從中可以收集到病例的資訊，縮小疾病診療的範圍，但是有時候疾病的發生有可能是原發或是繼發於另一個組織器官的異常或是疾病，此時所呈現出來的臨床症狀具有多樣性，必須借助其他檢查來加以釐清。

| 1. 問診 |

根據臨床症狀來進行問診，例如病例是因為嘔吐或是拉肚子前去動物醫院，問診的項目可以包括：是否完成定期疫苗施打、驅蟲計畫、食欲、精神、飲水量、臨床症狀發生的時間點、症狀發生頻率、症狀持續時間長短、有無經過治療、目前是否在進行治療？用過哪些藥物？在家中是否會有哀鳴？有無拱背？最近有無吃到家中的玩具、布料、縫線等。

| 2. 視診 |

是在診療室中可以觀察到動物是否有疼痛的表現，或是有其他相關或是非相關的疾病。表現比如說跛行、臉部兩側不平衡、眼淚過多或是過少、搔癢、流口水、流鼻涕、脫毛等。

| 3. 聽診 |

包括心音、呼吸音、胃腸蠕動音等。

| 4. 觸診及叩診 |

觸診是依據不同的臨床表現來進行。例如是後肢跛行，所需要做的觸診的部位包括脊椎、髖關節、膝關節、踝關節、指關節、腳掌、以及包覆後肢骨骼的肌肉。叩診主要是針對胸腔與腹腔，尤其是當叩診時的回音改變，比如腹部腫大，叩診腹腔時會聽到鼓音，表示腹部有脹氣；如果是有波動感，則可能是腹部有積液。

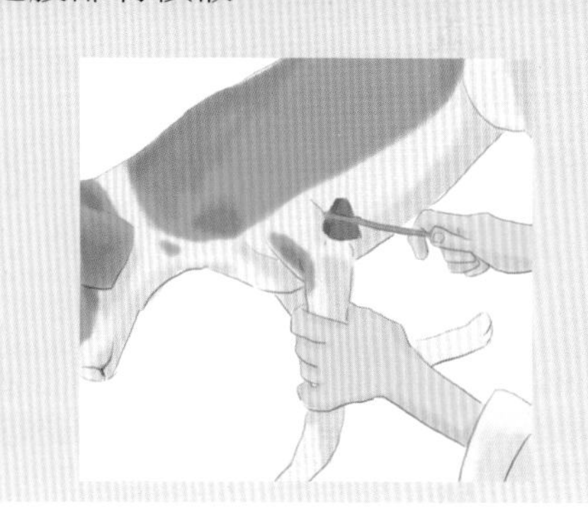

| 5. 確認生理數值 |

諸如體重、體溫、心跳數率、呼吸數、脈搏強弱、粘膜回血時間、脫水狀況等。是從理學檢查所衍生出來的必要檢驗，不過。理學檢查所能提供的，只是一種表象以及疾病導向的資料。

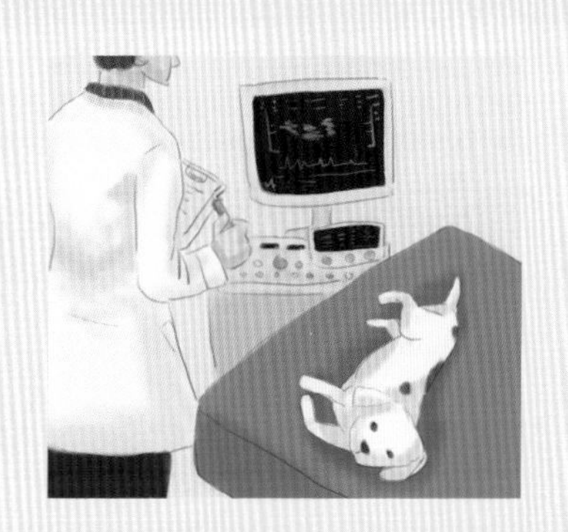

身體不同系統的異常所對應的診查

臨床症狀

1 五官
- **基礎檢查**：問診、體重、心跳、呼吸數、體溫、視疹、觸診、聽診
- **針對性檢查**：檢耳鏡檢查、檢眼鏡檢查、淚液測是、角膜螢光測試、耳垢抹片、氣道檢查、放射線檢查、內視鏡檢查、血液學 / 血清生化學檢查、內分泌檢查

2 皮膚
- **基礎檢查**：問診、體重、心跳、呼吸數、體溫、視疹、觸診、聽診
- **針對性檢查**：拔毛檢查、細菌培養、過敏原測試、黴菌螢光測試、抗體檢測、內分泌檢查

3 消化系統
- **基礎檢查**：問診、體重、心跳、呼吸數、體溫、視疹、觸診、聽診
- **針對性檢查**：口腔、齒夠、牙周發炎、齒齦細菌 / 細胞抹片、吞嚥測試、放射線檢查、超音波檢查、糞檢、血液學 / 血清生化學檢查、胰臟發炎檢測、胰外泌素檢查、內視鏡檢查、腹腔鏡檢查

4 呼吸系統
- **基礎檢查**：問診、體重、心跳、呼吸數、體溫、視疹、觸診、聽診
- **針對性檢查**：放射線檢查、內視鏡檢查、斷層掃描檢查、內分泌檢查、血液學 / 血清生化學檢查

5 心、血管系統
- **基礎檢查**：問診、體重、心跳、呼吸數、體溫、視疹、觸診、聽診
- **針對性檢查**：血壓檢查、心電圖檢查、血液學 / 血清生化學檢查、放射線檢查、超音波檢查、斷層掃描檢查

6 內分泌系統
- **基礎檢查**：問診、體重、心跳、呼吸數、體溫、視疹、觸診、聽診
- **針對性檢查**：皮毛檢查、內分泌檢查、血液學 / 血清生化學檢查、放射線學檢查、超音波檢查、斷層掃描

7 骨關節系統
- **基礎檢查**：問診、體重、心跳、呼吸數、體溫、視疹、觸診、聽診
- **針對性檢查**：神經學檢查、各關節檢查、肌肉張力 / 厚度、血液學 / 血清生化學檢查、放射線檢查、斷層掃描

8 神經系統
- **基礎檢查**：問診、體重、心跳、呼吸數、體溫、視疹、觸診、聽診
- **針對性檢查**：神經學檢查、血液學 / 血清生化學檢查、放射線檢查、斷層掃描、核磁共振檢查

9 腫瘤
- **基礎檢查**：問診、體重、心跳、呼吸數、體溫、視疹、觸診、聽診
- **針對性檢查**：細胞學檢查、放射線學檢查、超音波檢查、血液學 / 血清生化學檢查、斷層掃描檢查、核磁共振檢查

PART 1

狗狗的異常可以從五官、行為來觀察

異常，代表有別於正常，
最容易發現的就是「五官」與「行為」的異常，
「五官」則包含了「眼、耳、鼻、口、皮膚」。
如果爸媽能多陪伴狗狗，
也較能夠瞭解牠的生活習性，
進一步發現異狀。

五官出現異常——眼睛

眼屎忽然增加很多、眼睛發紅、還常常流淚？您可能以為狗狗在哭，但其實卻是身體出現異常的訊號！我們先從五官中的眼睛來講，當狗狗眼睛出現哪些異常，爸媽就要開始注意了呢？

眼睛發紅、眼淚異常，常用爪子蹭眼睛

| 可能原因 |

- 結膜發炎
- 眼瞼內翻
- 乾眼症
- 異位性皮膚炎
- 呼吸道問題

→ P.51

常常眨眼、會用前肢抓眼睛、眼睛表面失去光澤

| 可能原因 |

- 淚液不足

→ P.55

眼白處變得很紅，有時會流出黏液般的分泌物

| 可能原因 |

- 結膜發炎
- 乾眼症
- 鼻道不通暢

→ P.57

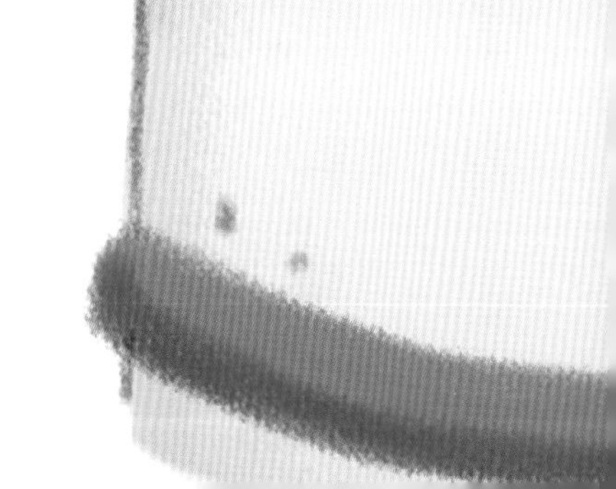

結膜發紅充血、眼屎量明顯增加、眼睛怕光、流淚不止

｜可能原因｜

- 血管增生
- 血液寄生蟲

→ P.59

走路跌跌撞撞、眼瞼腫起，視力明顯退化

｜可能原因｜

- 腦神經、耳朵問題
- 遺傳
- 視力減退
- 眼壓過高
- 視神經阻塞

→ P.61

眼睛上有一層白膜、出現櫻桃眼

｜可能原因｜

- 黴菌感染
- 細菌感染
- 角膜水腫
- 第三眼瞼脫出

→ P.64

眼睛下方、嘴巴周圍出現黑斑

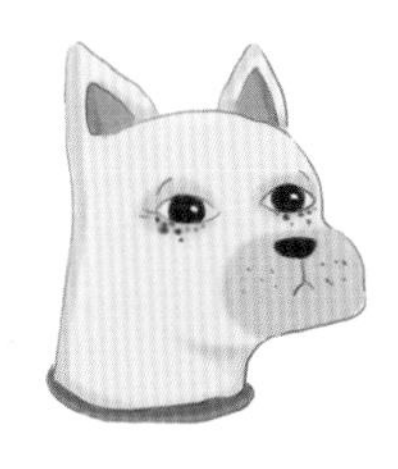

｜可能原因｜

- 黑色素細胞瘤
- 甲狀腺低下
- 皮脂腺分泌異常
- 牙齒齒根發炎

→ P.65

五官出現異常——耳朵

耳朵飄出異味

| 可能原因 |

- 外耳炎

→ P.68

常常抓耳朵後方

| 可能原因 |

- 耳疥癬
- 外耳炎

→ P.70

耳朵紅腫出血

| 可能原因 |

- 耳疥癬
- 掏耳朵時太用力或太深
- 滴耳藥時間過長
- 耳朵內有腫瘤

→ P.72

耳朵流出膿樣分泌物

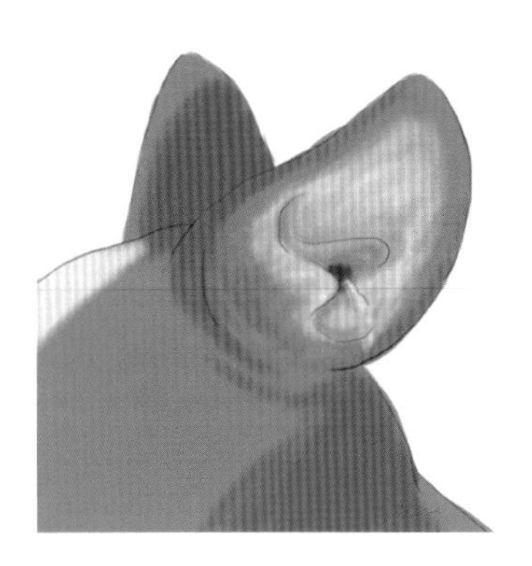

| 可能原因 |

- 細菌感染
- 耵聹腺增生
- 纖維素增生

→ P.75

聽力好像變差了

| 可能原因 |

- 遺傳疾病
- 聽力發育問題
- 藥物影響
- 聽神經自然衰退

→ P.77

五官出現異常——鼻子

流鼻涕、噴嚏打不停、鼻塞

| 可能原因 |

- 過敏性鼻炎
- 水蛭入侵
- 癌症
- 鼻黏膜水腫
- 內分泌物堵塞鼻道

→ P.80

一直流鼻水

| 可能原因 |

- 過敏性鼻炎
- 肺部出水
- 心肺功能問題

→ P.83

鼻尖乾燥、皸裂？

| 可能原因 |

- 犬瘟熱
- 其他傳染病
- 自體免疫疾病

→ P.84

鼻子發出惡臭、噴出乳酪樣液體？

| 可能原因 |

- 細菌感染
- 黴菌感染
- 鼻腔腫瘤（接觸型菜花）

→ P.86

鼻子流出的液體帶有血絲？

| 可能原因 |

- 水蛭寄生
- 長了腫瘤
- 自體免疫問題
- 其他不明原因

→ P.89

五官出現異常——嘴巴

出現口臭

| 可能原因 |

- 胃部食物未消化完全
- 牙結石
- 牙齒瘻管

→ P.92

嘴巴稍微碰到就會痛

| 可能原因 |

- 外傷造成
- 口腔受到感染
- 咬合不正
- 顏面神經受損
- 甲狀腺功能低下

→ P.95

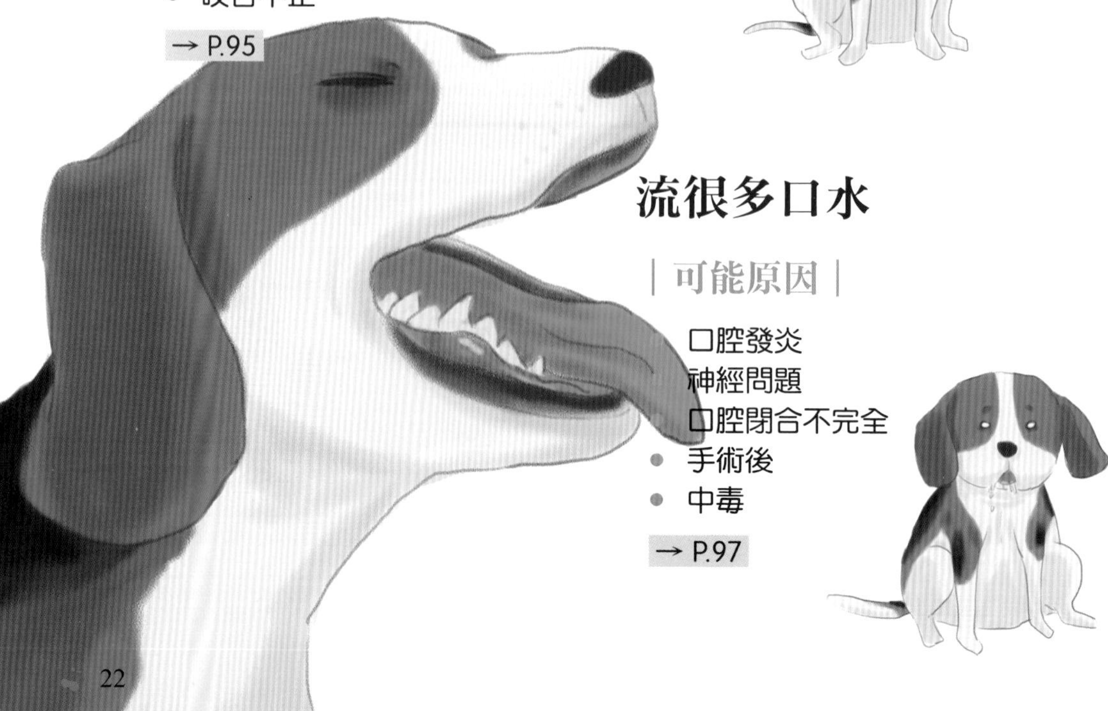

流很多口水

| 可能原因 |

- 口腔發炎
- 神經問題
- 口腔閉合不完全
- 手術後
- 中毒

→ P.97

牙齦發紅腫大還流血了

| 可能原因 |

- 細菌感染
- 腫瘤

→ P.99

出現吞嚥困難

| 可能原因 |

- 喉頭偏癱
- 喉頭狹窄
- 腫瘤
- 瘻管
- 喉頭水腫

→ P.101

喉頭發出異常聲音

| 可能原因 |

- 術後喉頭水腫
- 單純水腫，如食物過敏引起
- 喉部長腫瘤
- 軟顎過長
- 喉頭偏癱、喉頭麻痺

→ P.102

持續嘔吐

| 可能原因 |

- 吃過量
- 吃到無法消化或咀嚼的食物
- 過度飢餓
- 吃太快

→ P.104

五官出現異常——皮膚

時常搔癢

| 可能原因 |

- 異位性皮膚炎
- 濕疹
- 其他細菌性皮膚炎
- 趾間炎

→ P.110

皮膚摸起來有油膩感、身上有很多小紅點

| 可能原因 |

- 異位性皮膚炎

→ P.111

出現少量掉毛

｜可能原因｜

- 黴菌感染
- 內分泌問題
- 正常的季節換毛

→ P.116

毛髮越來越稀疏

｜可能原因｜

- 庫欣氏症
- 其他內分泌問題

→ P.118

行為出現異常

走路時一跛一跛

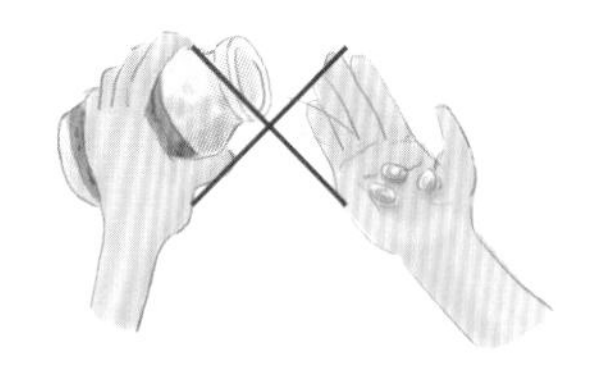

｜可能原因｜

- 關節炎
- 關節脫臼
- 骨折
- 韌帶斷裂
- 肌肉拉傷
- 扭傷

→ P.124

身體出現震顫

｜可能原因｜

- 腦部異常
- 神經壓迫
- 肌力不足
- 體內離子不平衡或流失
- 胸椎、腰椎異常

→ P.127

不停發抖

｜可能原因｜

- 關節疼痛
- 內臟發炎或受到壓迫
- 氣溫過低
- 細菌或病毒感染

→ P.128

一直繞圈圈

｜可能原因｜

- 腦神經異常
- 前庭系統（耳朵）異常

→ P.30

動不動就拱背

| 可能原因 |

- 身體疼痛

→ P.132

常磨屁股或舔屁股

| 可能原因 |

- 肛門腺堵塞導致發炎

→ P.134

常常咬尾巴

| 可能原因 |

- 尾巴發癢、發炎
- 其他部位發出健康警訊

→ P.133

出現疝氣

| 可能原因 |

- 排便困難、長期便祕

→ P.136

受過訓練還是隨地撒尿

| 可能原因 |

- 狗狗也是健忘的

→ P.137

頭歪歪的走路

| 可能原因 |

- 落枕
- 受外力撞擊
- 從高處摔落

→ P.139

流口水且發抖、站不穩

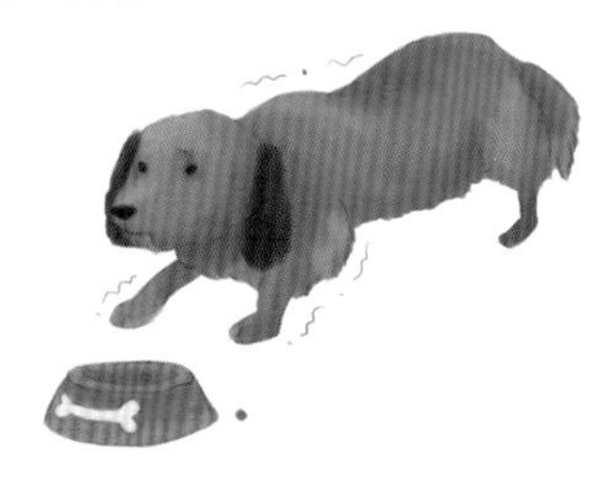

| 可能原因 |

- 血糖過低
- 子顛症
- 甲狀腺功能亢進

→ P.140

變得不愛親近人、常躲起來

| 可能原因 |

- 曾受到虐待
- 社會化不足，缺乏安全感
- 身體疼痛

→ P.142

不停用頭去頂硬物

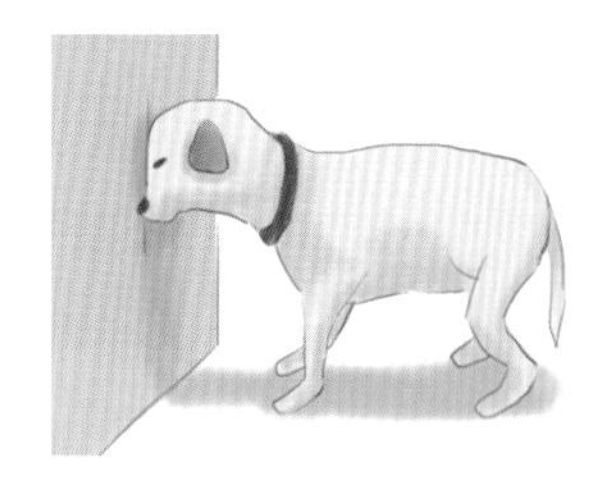

| 可能原因 |

- 腦神經／腦部退化

→ P.143

不睡覺或作息突然改變

| 可能原因 |

- 腦神經／腦部退化

→ P.144

變得愛舔腳趾頭

| 可能原因 |

- 趾尖炎

→ P.145

會舔咬固定身體部位

| 可能原因 |

- 該區域有外傷

→ P.146

走路無力、容易疲倦

| 可能原因 |

- 椎間盤壓迫到神經
- 心肺功能衰退
- 關節受傷、退化或關節炎
- 腎臟問題

→ P.147

臉部不對稱？

| 可能原因 |

- 皰疹病毒
- 外傷
- 腦神經病變
- 其他不明原因

→ P.150

PART 2

帶狗狗就醫前，先確認這 7 件事

建議爸爸媽媽在帶狗狗就診前，
可以先觀察、回想下列 7 個項目，
問診時就能大幅協助醫師做出更精準的診斷，
也能讓愛狗得到最適切的檢查與照顧。
接下來的篇幅，
將針對這 7 個項目做更詳細的解說。

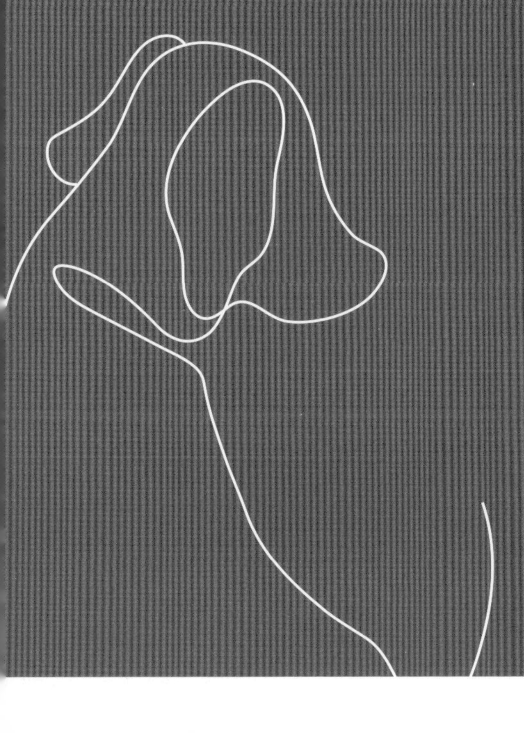

① 最近的精神、活力如何？
② 最近的排便狀況如何？
③ 體溫正常嗎？
④ 體重是否有變動？
⑤ 過去病史、是否已自行投藥？
⑥ 預防針注射、驅蟲紀錄？
⑦ 家中成員或環境有無異動？

1. 最近的精神、活力如何？

#吃#喝#玩#樂#嘔吐#排尿#結石

怎麼知道毛小孩是不是有活力的？我常常跟爸媽說，主要就是從「吃、喝、玩、樂」，從這四個方向觀察。

1. 吃。

指的是狗狗的食欲、進食情況。如果牠突然間吃得很少，或突然進食量增加，比如說晚上還會去翻垃圾桶。或者牠食慾突然減退，一般來說，食慾減退都是因為身體有疼痛，或是有其他狀況，身體上一定有出現問題。不過，如果是緩慢的改變，也可能是有一個慢性的影響因子在那裡，所以觀察到最近跟以前不太一樣的時候，就要帶狗狗去看診。

2. 喝。

喝水量突然之間增加很多，或者突然變得太少也是有問題的。一般來說，狗狗一天所需的水分，至少是體重的 16 分之一；或者可以用每天每公斤大約需要 40c.c. 的水來計算，例如二十公斤重的狗狗，一天就需要喝到 40X20=800c.c. 的水量，這其中包含來自食物、飲用水的水分，當然還要考量牠的活動量和季節等因素。

狗狗水喝得不夠不行，不過如果喝太多，比如每天每公斤超過 100c.c，也可能是一些疾病的前兆。

怎麼知道狗狗喝的水夠不夠？除了記錄給水量，也可以輕輕捏起狗狗的脖子後或肩膀位置的皮膚，輕輕捏起來，一般正常的情況，一放開手，皮會馬上退回去，但是如果時間上有一點延遲，可能就有達到 5% 的脫水，就要補水了。不過，當狗狗有嘔吐、下痢（拉肚子）的情形時，也會造成脫水。

另外，也可以觀察牠的尿量來得知水喝得夠不夠多，喝水少，尿量就會少，而且尿液的顏色也會比較深（濃縮的概念），由於膀胱一直泡在尿液裡面，所以尿液就容易產生結晶，結晶之後就會形成結石，有時是在輸尿管形成結石，或是在腎臟形成結石，這就要動手術來處理。

｜泌尿系統結石的處理方式｜

當狗狗時常喝太少水，就容易導致腎臟結石或輸尿管結石。

腎臟結石可以用微創手術，把石頭夾出，但如果是輸尿管結石，目前的醫療器械還沒有小到可以疏通輸尿管，只能用傳統手術方式，把輸尿管切開後，取出結石再縫合起來，或者裝導尿的輔助系統，讓輸尿管休息，甚至是取代輸尿管。當輸尿管因結石而阻塞得很嚴重時，腎臟也會因此變大，變成「水腎」，因為尿液沒辦法排出的關係，嚴重時甚至要摘除一個腎臟。

尤其以貓咪來說，水分更重要。當體內沒有水分，胃腸蠕動就會停滯，糞便就會在貓咪體內累積，可能會演變成巨結腸症，而且這是連動手術也不一定會康復的疾病。

另外，目前為止因為沒有腎器官的來源，所以沒辦法幫動物換腎，目前在動物醫療上，還沒有器官移植技術，只能用幹細胞讓衰敗組織回到原來的功能，但實際上有沒有成效還是各說各話。所以，平時多注意狗狗攝取的水量是否足夠，就可以避免小毛病變成大問題。

狗狗泌尿系統出現結石的三種表現

• 頻尿

• 排尿困難

• 尿失禁

3. 玩。

比如說以前你下班的時候，牠會到門口迎接，碰觸你的身體，跟你玩一玩、舔舔嘴、舔舔手，如果是貓，也會出來在你腳邊磨蹭一下再回去，但是如果突然間都沒有這些行為了，就代表有問題。

4. 樂。

就是指牠快不快樂，如果牠身體有疼痛或者不舒服，牠就不會快樂，這個講起來比較抽象，但是只要多多觀察牠平常的作息就可以發現，如果牠每天搖尾巴，但突然之間尾巴只搖了兩三下、應付一下就沒了，那就代表有問題。

其實就跟我們人是一樣的，當然身體健康的時候，吃得下、喝得下，可以跟朋友到處去玩，身體健康的時候，你會覺得身心都很快樂。如果其中一項有問題，比如說發燒的時候，會吃不下、只想睡覺，想不想去玩？也不會想去玩，因為身體不舒服，所以也不會快樂。以「吃喝玩樂」這四個字，就可以很簡單的判斷狗狗的健康狀況，這套用在人或者是在動物上都是一樣的。

• 狗狗身體不舒服時會失去活力，可以從「吃、喝、玩、樂」四方面確認

那麼，當狗狗有異常現象的時候，要告訴醫生的是，什麼時候發生的？如果可以精確地說發生時間是在早晨、中午還是晚上，會更好。再來就是這個情況發生多久了？比如說嘔吐，什麼時間吐？吐了多

久？吐出來的東西內容物是什麼？內容物比如說是白色的泡沫？還是帶有一些黃色的液體？或者說是消化過的食物，還是沒有消化過的食物？這些不同情況，在醫生的診斷上所代表的現象不一樣，甚至不一樣的嘔吐方式，各代表著不同的疾病，發生的原因也就不太一樣。另外還有，狗狗會不會低鳴，低鳴就是嗚嗚叫，很像在哭泣，如果會低鳴，那持續時間多久？這些資訊都有助於獸醫師的診斷。

｜狗狗嘔吐物代表意義｜

嘔吐物形狀與顏色	透明略白、泡沫狀的嘔吐物	呈現黃綠色液體的嘔吐物	出現偏咖啡色的嘔吐物	帶紅色的嘔吐物
嘔吐物來源	消化道液體	膽汁	胃部出血	體內急性出血
嘔吐原因	誤食異物	腸胃道潰瘍	胃潰瘍或十二指腸潰瘍	體內有大量出血的情形

除此之外，對於貓跟狗來講，在季節轉換期，只要有一些臨床症狀，比如像嘔吐、乾嘔或是有軟便、下痢，建議到動物醫院做檢測，因為可能是胰臟發炎導致，必要時就要給貓狗吃處方飼料。還有如果爸媽是上班族，晚上才下班，上班的時間狗狗在家裡發生什麼問題都不清楚，我建議可以在家裡裝攝錄影機，從手機 APP 連線就可以看到牠的生活作息，如果真的不放心，可以放在動物醫院，請醫院方面幫忙觀察。

• 無法一直陪伴在狗狗身邊的爸媽，建議透過手機 APP 留意一下狗狗的狀態

這樣做可以緩和焦慮

• 擔心狗狗到陌生地方會焦慮，可以找件牠最常躺的衣物一起帶過去

⊙ 沒有辦法全程陪伴狗狗時，找件有家裡氣味的衣物給牠

當狗狗有異常狀況時，雖然可以請動物醫院幫忙觀察狗狗的情況，但是動物醫院裡面的味道跟家裡的味道絕對不一樣，有些狗狗會有分離焦慮，或者對於要到陌生的地方有壓力，所以在送狗狗到醫院之前，可以先找一件牠最常躺的衣服，因為有牠熟悉的味道，再和狗狗一起帶過去，這樣可以增加牠的安全感，這是在主人沒有空照料狗狗的時候，可以用這種方法來做一個必要的處置。

2. 最近的排便狀況如何？

 # 糞便分級表 # 便便顏色 # 黑便 # 水便
 # 牙齒疼痛影響進食

狗狗的便便出現異常，和牠的身體狀況密切相關。

例如牙齒疼痛的狗狗，食物進到口腔後，牠幾乎不會咀嚼，就是直接吞進去，缺少唾液的初步消化，就只能靠胃部的胃液來消化，胃的負擔就會比較重，而胰臟會分泌胰蛋白酶消化蛋白質，膽就會分泌膽汁來消化脂肪。當胰蛋白酶慢慢把蛋白質分解成小分子以後，食物到了十二指腸、空腸開始進行吸收，腸道產生腸液，再進入迴腸，開始形成糞便，等糞便到了一定的量，就會來到直腸接著從肛門排出，但是當有消化機制被破壞的時候，糞便在腸道停留時間就會變短，於是我們就會看到沒有成形、稀稀軟軟的便，甚至像水一樣的狀態。

狗狗的正常糞便型態，依據糞便分級表，應該以第四級為標準，第五級就是稍微乾硬了，代表牠攝取的水分不夠，如果看起來油亮油亮的，像拉肚子的情況，那就表示有腸子的黏液沾在便便上，不過我們一般都是以糞便有沒有成形來界定，有成形就比較沒問題。

另外，如果狗狗排出了黑便，代表牠的上消化道有出血的情況，因為血液經過腸液的分解會變成黑色；如果是水便，就表示腸道蠕動太快了，沒辦法吸收水分，可能是腸道受到刺激，這個刺激的來源可能性很多，包含外來病原、細菌、病毒都有可能，或者有時候是飼料突然間轉換，讓腸道裡面的細菌叢突然改變，糞便就會跟平常不太一樣。

有時候你會在便便裡面看到未消化的東西，那表示牠的消化酶不足，如果大便的顏色偏白，代表狗狗常常吃骨頭、咬骨髓，這種在早期年代比較常見，都是吃廚餘，另外就是當胰外泌素分泌不足的時候，牠的大便顏色就會跟大理石一樣偏白，這是需要治療的，在食物裡加入胰酵素，屬於一種消化酵素藥品，來加速牠的消化力。

當狗狗的排便出現異常時，記得拍下狗狗糞便的狀況，方便就診時給醫生參考、協助診斷。

糞便分級表

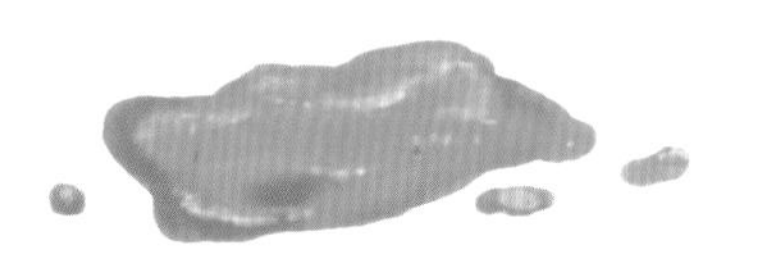	
第一級 糞便不具明確形狀，一排出就直接像水一樣溢開。	 **第二級** 稀軟的糞便，有模糊的形狀。

第三級 糞便呈固體圓柱狀，但狀態偏軟。	**第四級** 糞便完整成形，有分段，沒有乾硬感。

第五級 糞便乾硬，形狀明確。	

3. 體溫正常嗎？

正常體溫 # 皮溫 # 肛溫

狗狗的正常體溫都在 38 度，比人體大概要高 1 度，有時候和情緒也有關，如果狗狗比較緊張時，也會比平常體溫高一點點，但如果說當牠的體溫已經高於 39 度，可能 39.3 度左右，狗狗就會明顯感到不舒服了。

那麼，如何幫狗狗量體溫？方法有兩個，一個是量牠的鼠蹊部，就是把溫度計夾在牠的後腿根部，可是這個方法量出來的是皮溫，皮溫會比正確的體溫大概少 1 度左右，所以如果是量皮溫，要再加 1 度才是正確的體溫。

一般來說，我們會建議量肛溫，用肛溫計從肛門插進去以後，要讓裡面的水銀球碰觸到狗狗的內臟器官，不是插在大便裡面，戳進去後約等 45 秒後可拔出查看，如果測出來溫度過低，就有可能是插到便便裡面了，所以肛溫計插進去以後，手握住的地方要略往上抬，溫度計的頭才會往下，才能正確量到狗狗腹部的溫度，建議要帶到動物醫院進行比較好。

• 狗狗的肛溫超過 39.5 度或低於 37 度都是異常情況

狗狗正常的體溫會在 38 度左右，如果體溫偏低，在 37.5 度或是 37 度的話，這時候就要確認脈搏，看看狗狗的代謝功能是不是下降了。

為什麼體溫很重要？我們恆溫動物都有一個正常的代謝速率，正常代謝速率就是在燃燒你的能量來維持正常體溫，體溫是正常的話，血液循環、心臟、甚至體內酵素代謝，或者吸收、排出都能在正常的環境裡面正常運作，但如果體溫過高，蛋白質會變性，輔酶已經開始沒辦法正常工作；如果是體溫太低，很多該消耗的能量沒有消耗，堆積後就會變成肥胖，甚至有些毒素也因此累積，就更不好了。

4. 體重正常嗎？是否有變動？

怎樣算太胖 / 太瘦 # 糖尿病 # 甲狀腺 # 理想體重 # 絕育後發胖 # 關節受損

狗跟人一樣，身體獲取的能量有三種來源：一個是醣，第二是脂肪，第三就是蛋白質。當狗狗身體越來越消瘦的時候，可能是發生以下情形，當狗狗的碳水化合物（醣）攝取不夠，身體就會開始溶解脂肪來產生熱量，例如人類所謂的生酮飲食，就是分解脂肪來產生熱量，讓脂肪量減少。但是，當你這兩個能量都沒有辦法代謝或是不夠的時候，就會開始溶解你的蛋白質，溶解蛋白質就代表肌肉會開始萎縮，整個身體姿態就會變形，狗狗也會看起來越來越瘦、疲倦無力。

相反地，當能量的攝取量大於代謝量的時候，狗狗就會開始發胖、體重增加，但除了飲食量的影響之外，還有另外一種原因是來自疾病的影響。

例如狗狗有糖尿病，剛開始會發胖，但是最後能量會沒辦法進到細胞裡面，就像是吃進去的東西都被關在門外，身體就會變得消瘦，因為細胞一直沒有得到能量。

另外是甲狀腺的問題，甲狀腺功能低下或是甲狀腺功能亢進，甲狀腺功能亢進就是代謝速率增加，表現情況就是狗狗吃很多，可是體重卻一直減輕；甲狀腺功能低下就是相反，沒有吃特別多，體重卻持續上升。

我們看一隻狗的身體狀況，其中之一就是體重有沒有維持在理想狀態，這可以參考「身體狀態指數表 BCS (Body Condition Score)」，體重變化也是我們問診時希望爸媽能供的資訊之一。

胖狗很可愛，卻是關節炎和心肺功能疾病的高風險群

• 狗狗肥胖會引起許多問題，尤其是關節炎和心肺功能下降

絕育手術後，因為荷爾蒙的影響會讓代謝下降，如果飲食量沒有改變，就很容易造成肥胖，但是即使沒有絕育（結紮），現在大家對狗狗的營養都照顧得很好，只是要注意，狗狗一旦胖了，就會造成關節損傷，你要叫牠起來運動，沒有辦法，牠一定會走兩步路就停下來，慢慢就變成關節炎。

如果發現狗狗有上述情況，最好在就診之前可以先把牠走路的異常狀況錄影下來，因為有時候狗狗來到動物醫院，牠會突然間就好了，有時候牠一緊張就會變好，但是出了診間又開始跛腳、走不動，有時候主人會很無奈，回家過一段時間又過來看診。

另外，肥胖對於狗狗的心肺功能，呼氣啊、喘息啊都有影響，因為脂肪會佔據你的腹腔、體腔，會產生壓迫，牠呼吸的時候，就會容易喘、不舒服，另外就是心臟的工作也會受限，加上血管裡面的膽固醇量變高了，也要注意牠的血壓、血糖。現在動物的壽命也越來越長，所以一些慢性疾病就會開始越來越多。（狗狗關節炎的照顧方式，可參考第 124 頁）

| BCS 毛孩理想體重體型評估表 |

等級	表現狀態
過瘦 理想體重的 85%以下	光是從外觀就能看到狗狗肋骨、腰椎的形狀，從上方看，腰部和腹部明顯內縮，身上幾乎沒有脂肪。
體重不足 理想體重的 86 ～ 94%	可以輕易摸到狗狗的肋骨，從上方看，腰部和腹部明顯內縮，外觀看起來只有些微脂肪包覆著。
理想體重 理想體重的 95 ～ 106%	能摸得到肋骨，但外觀看不見肋骨形狀，外觀看起來被一點點脂肪覆蓋。從上方看可以輕易看出腰部的位置，側面看則會發現腹部往尾巴的線條明顯往上提。
體重過重 理想體重的 107 ～ 122%	幾乎摸不到肋骨，其他部位的骨骼構造也是勉強才摸得出來，外觀看起來被更多脂肪覆蓋，側面看腹部到尾巴的線條只有微微往上。
肥胖 理想體重的 123 ～ 146%	外觀被厚厚的脂肪覆蓋，完全摸不到牠的骨頭了。

狗狗或貓貓絕育後餵食的量還是要跟做絕育手術前一樣，至少維持二週到二個月。

5. 過去的預防針注射和驅蟲紀錄？

多久打一次 # 寄生蟲 # 口服或滴劑 # 疫苗 # 外出防蟲準備

關於預防針的注射、有沒有驅蟲，這些是問診時基本要瞭解的，才能先剔除或是確認狗狗可能罹患什麼疾病，或較有可能受到哪種病毒或細菌感染。

防堵傳染病要靠注射疫苗，寄生蟲的部分就要靠投藥，遇過有些爸媽會說，我的狗狗都待在家很乾淨，覺得不用擔心，但是有些寄生蟲是人畜共通的，狗狗沒有出門，但人有出門，就會把寄生蟲帶回家裡，有些寄生蟲對於人類大致上無害，但對狗狗有害，更不用說是常到戶外活動的狗狗了。

驅蟲藥又分成口服、滴劑兩種，有的針對體內寄生蟲，有的專門對付體外寄生蟲，還有以狗狗感染寄生蟲前的「預防用藥」和「感染後的用藥」，一定要仔細確認。

另外就是要注意理學檢查是否有異常，如果體溫增高就應先找出讓體溫增加的原因，要先排除後再打預防針。

幫狗狗定期驅蟲的方式

驅蟲方式	口服藥	滴劑
說明	針對體內寄生蟲為主。 例如：	針對體外寄生蟲為主。 例如：
維持效期	一般以一個月投藥一次為準。	
使用方式	狗狗大多不喜歡藥味，建議可以把藥搗成粉末狀或是和鮮食混合一起再給牠吃。	必須把藥滴在狗狗不會舔到的部位，例如頸部上方，而且用畫長條狀的方式滴上去，不要大樣滴在同一個部位，藥劑的刺激性可能會讓狗狗不舒服。
注意事項	適用於二個月以上的狗狗。	

◎出門前、後的防蚤措施

出門前	・在狗狗腳上噴防蚤噴劑 ・幫狗狗戴防蚤項圈
出門後	・幫狗狗梳毛、擦腳、擦身體

6. 過去病史、是否已自行投藥？

處方飼料 # 目前用藥 # 慢性病史

在就診前，很重要的是過去的病史，曾經發生過什麼疾病呢？多久前發生的？生病多久？或者有一定的發病頻率？還有，如果狗狗在其他動物醫院因為同樣的症狀就診過，那爸爸媽媽要告知我們用了什麼藥，現在有吃處方飼料嗎？因為很多現象可能是藥劑造成的影響，我們也能評估用藥會不會造成衝突，所以一定要把這些訊息都告知獸醫師。

比如說牠有看過心臟病的病史，要告知獸醫師，這樣在檢查方向上就會比較全面，不會只是針對今天就診的個別問題來做診治。另外就是有時候現階段的疾病，也可能是繼發於之前的疾病，也有可能是新疾病，希望爸媽們帶狗狗就診時，能儘量多提供醫師狗狗的就醫紀錄、用藥等相關資訊，讓我們能夠更精準的診斷。

｜醫師問診時，需要家長提供的重要資訊｜

- 飼主是否已自行投藥給狗狗，或狗狗正在服用哪些藥物

- 狗狗是否正在吃處方飼料

- 狗狗過去的病史

7. 家中成員、環境有無異動？

分離焦慮 # 怕生 # 狗狗社會化

最近家裡環境有沒有改變？比如說對貓來說影響相當大，家裡如果多了一個成員，可能新來了一個動物，或者你跟牠分開了一段時間，貓咪的心裡會出現很多小劇場，貓比較會有這種情形。小狗的話，因為年紀越大的狗，對主人的依賴性會越強，有時候沒看到主人，就會一直找、一直找，有些狗狗社會化得不夠，我建議要讓狗狗有跟別的狗狗多一點互動的機會，如果牠一直待在家裡面、不出門，就會很怕生，這對小狗來說非常不好。

我們也常常遇到比如說要準備動手術的時候，狗狗在籠子裡面叫一整天，這就代表牠有分離焦慮，需要人家抱抱牠，所以有時候小狗住院，我們沒辦法把牠關在籠子裡，就一邊抱牠、一邊工作，希望增加牠的安全感。不過目前我們發現最怕痛的是柴犬，常常一看到針筒就開始抖了。

| 容易有分離焦慮的狗狗 |

• 高齡犬

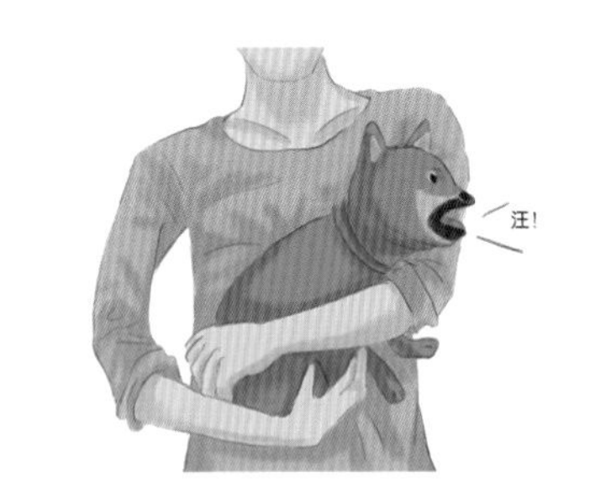

• 社會化不足的狗狗

• 家中多了新成員

特別附錄：狗狗異常狀況檢核表

如果狗狗符合這些異常表現時，請帶牠到動物醫院就診。

部位	異常表現
眼睛	○眼睛受到撞擊 ○眼睛發紅 ○眼睛或眼瞼腫脹 ○眼白出現血斑 ○眼瞼闔起，局部或全部 ○眼睛出異常現分泌物，或氣味、顏色改變 ○眨眼頻率增加 ○常常搔抓眼睛 ○視力下降 ○眼睛變得灰濛濛 ○周圍出現黑斑或腫塊
毛髮（皮膚）	○出現黑斑或腫塊 ○常搔抓或舔舐皮膚 ○油膩 ○無光澤 ○異常乾燥 ○出現碎屑（可能是寄生蟲、跳蚤糞便、結痂或疥癬） ○局部或嚴重脫毛 ○毛髮逐漸變稀疏 ○身上出現許多小紅斑
四肢	○走路不穩或跛行 ○走幾步路就停下休息 ○不走路，整天只想趴著 ○一直用頭去頂東西 ○身體抽搐 ○不停發抖 ○一直繞圈圈

部位	異常表現
鼻子	○流出異常分泌物，濃稠度、顏色 ○鼻頭乾燥甚至龜裂 ○不停流鼻水 ○流鼻血 ○鼻孔發出惡臭
口腔	○出現口臭 ○蛀牙 ○牙齦紅腫 ○牙齦出現腫塊 ○牙齦出血 ○吞嚥困難 ○流很多口水
耳朵	○耳內飄出異味 ○流出異常分泌物，注意顏色、形態 ○常搔抓耳後 ○聽力變差
排尿	○喝水量異常 ○尿量異常多／少 ○排不出尿液 ○排尿頻率異常
排便	○進食量異常多／少 ○顏色、形態異常（便秘或下痢） ○排便頻率異常高／低
其他	○作息忽然改變，晚上不睡覺、一直吠叫 ○叫聲怪異，像豬叫 ○變得喜歡躲起來

PART 3

狗狗五官出現異常，是健康一大警訊！

家裡的狗狗健康嗎？
狗狗的五官包含「眼、耳、鼻、口、皮膚」，
當五官出現異常，
比如常常用爪子搔眼睛、出現脫毛、嘴巴發出臭味等，
都可能是狗狗的身體狀況亮紅燈的表現，
一起來瞭解身為爸媽的應對措施，
以及看診前的必備知識吧！

眼睛出現異常

眼屎忽然增加很多、眼睛發紅、還常常流淚？您可能以為狗狗在哭，但其實卻是身體出現異常的訊號！我們先從五官中的眼睛來講，當狗狗眼睛出現哪些異常，爸媽就要開始注意了呢？

眼睛發紅、眼淚異常，常用爪子蹭眼睛？

可能原因

- 外力撞擊
- 眼瞼內翻
- 結膜發炎
- 乾眼症
- 呼吸道問題

狗狗眼睛出現異常，第一個最容易察覺到的，就是眼睛開始變紅。所謂的變紅，就是可以觀察到眼白處有一層紅色。爸媽首先可以觀察看看是不是有出血？或想想有沒有撞到？如果是撞擊所造成的眼角出血，甚至突然失明，都要馬上帶到動物醫院檢查。

另外則是由於結膜發炎或眼瞼內翻。

眼瞼內翻會導致睫毛刺激到角膜造成不適，讓狗狗淚流不止。結膜發炎比較常見的原因是空氣污染引起的，當空氣中的懸浮微粒附著在結膜上時，狗狗的眼睛會有異物感，就會去抓，造成眼白發紅充血、流眼淚。還有一個原因是乾眼症，可能是因為老化，淚液分泌自然減少，也可能是疾病引起。

除此之外，眼睛的異常也跟我們的呼吸道、鼻腔有關，如果鼻腔有東西，或者牠有鼻炎，使得鼻淚管堵塞，就會造成淚液異常分泌，所以看到小狗眼睛總是淚眼汪汪，不一定是好的，建議趕緊帶到動物醫院檢查。

如果持續惡化

結膜發炎的狗狗常會用前肢內側退化的拇指，也就是懸趾，去抓眼睛，就很容易造成角膜潰瘍，也就是角膜最上層的上皮層受損了。一般來說角膜淺層的受損，比如有刮痕，或是輕微擦傷，這種大約1週內可以癒合，不過如果持續惡化，後續會慢慢形成斑疤，甚至造成深度潰瘍、眼前房液外漏等，爸媽如果沒有注意到、延誤就醫，就會很麻煩，往往需要動手術修復。

檢查項目與治療方式

- 淚液分泌檢測
- 角膜螢光染色
- 眼壓測試
- 異位性皮膚炎檢測

當狗狗的眼睛有異常情況時，一定是有一個刺激物。

到醫院後，第一個步驟就是先做檢查，通常會先做的是「淚液分泌檢測」，用淚液分泌檢測試紙來檢測淚液的分泌量有多少？確認是否有乾眼症？因為乾眼症本身會造成癢，就會去抓，如果確認是乾眼症，一般會給牠一些含有四環素或是類固醇的眼藥膏。

第二個就是角膜的螢光染色，是運用一種親水性染劑，滴在狗狗的角膜上，檢查角膜上皮組織的缺損嚴重程度，有染上色的地方就是角膜有潰瘍的地方，角膜染色檢查並不會造成狗狗疼痛，也比肉眼或檢眼鏡檢查準確。

第三個則是做眼壓測試，確認狗狗是不是眼壓過高，造成眼球外凸，進一步導致角膜容易受傷。

如果角膜有潰瘍，就要用不含類固醇的止痛藥來減緩，再搭配抗生素。另外，也可能運用自體血清來做角膜上的修復，由於血清的成分和淚液很接近，還具有修復組織和細胞的功能，透過抽取狗狗少量的血液製作成眼藥水，讓角膜加速復原。

另外，像是短吻狗，例如巴哥、奶油法鬥、英國法鬥、西施、拳師、波士頓㹴犬、吉娃娃這些眼球比較凸的狗，角膜容易乾燥，當牠有眼睛發紅、淚眼汪汪、用爪子蹭眼睛的現象時，就要帶到醫院檢查角膜有沒有潰瘍，即使沒有潰瘍，也要幫牠每天點眼藥水，讓牠的眼睛有一層保護膜保護上去。

另外，可以補充葉黃素保健品來加以預防、改善黃斑部病變。選擇這類的保健食品，建議優先選擇專利原料大廠，例如美國專利FloraGLO® 葉黃素，不論是原料品質或者安全性上有更多的保障。最重要的重要的是還有山桑子、黑大豆、蝦紅素、魚油、黑醋栗、松樹皮、小米草等複方營養素搭配，能全方位提供眼部所需要的各種營養。

目前來說治療角膜發炎或潰瘍的方法還蠻多的，不過先決條件就是不要再讓牠去抓搔傷口，例如乾眼症的狗狗，除了自體免疫上有問題外，我們也會問主人牠平常對皮膚的搔癢程度如何？再檢查一下狗狗有沒有異位性皮膚炎？因為異位性皮膚會造成牠到處抓癢，有時還會抓到不該抓的地方，變得更麻煩。毛小孩到醫院來，雖然呈現的是單一的疾病，可是一般我們在看診的時候，要把可能跟這個疾病相關的疾病都找出來，再一併治療。

戴上頭套可以防止搔抓

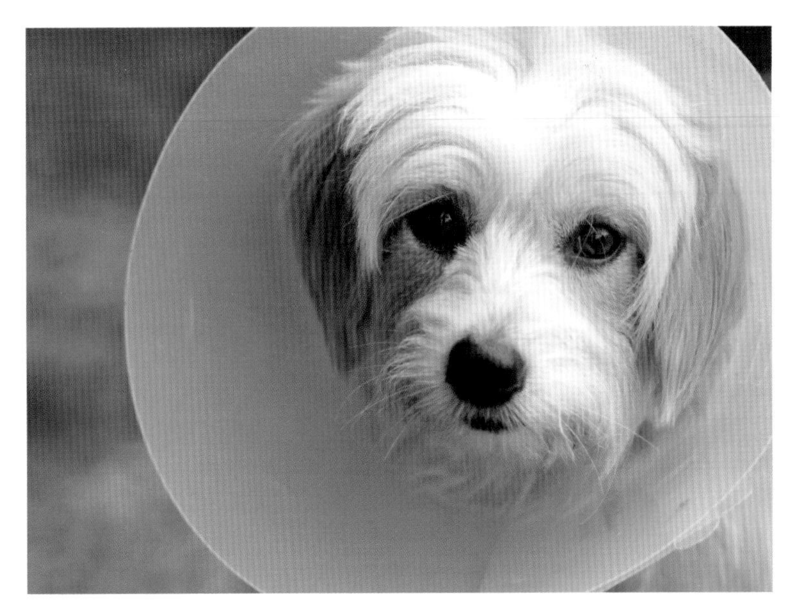

• 戴上頭套，可防止傷口被重複搔抓而惡化

⊙ 就醫前這樣做

在到達醫院前，可以先幫狗狗戴上頭套來防止牠一再搔抓眼睛，造成更嚴重的情況，市面上的頭套很多種，選擇不要讓牠的爪子去磨到眼睛的就可以。另外，爸媽要避免自行去藥局買眼藥水或藥膏幫牠們塗抹，這是非常危險的，因為市售成藥裡頭的類固醇，很多是絕對不能用在角膜潰瘍上的，務必在諮詢獸醫後再使用。

⊙ 幫助牠快快痊癒的方法

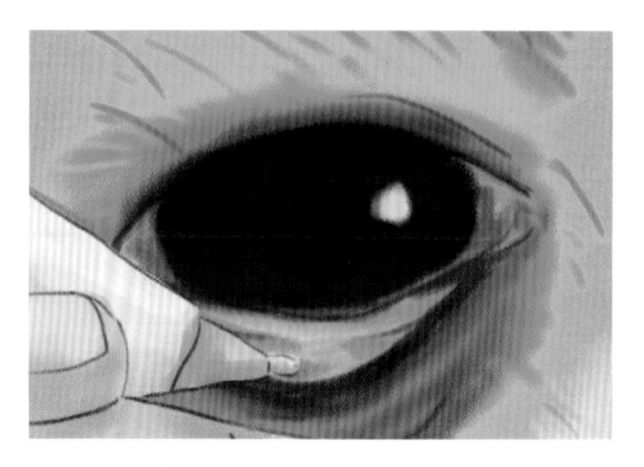

• 點眼藥膏

將牠的下眼瞼往下撥，藥膏塗在下眼瞼凹槽的地方，塗上去以後輕輕往上推，等眼睛閉合，讓藥膏能夠均勻分布，如果這時候牠因為疼痛而瞇眼，可以先幫牠點止痛藥，大概 10 分鐘後眼睛就能完全的張開了。

• 避免含刺激性化學成分的清潔用品

家裡的清潔劑、洗衣精、濕紙巾、香水、殺蟲劑等，都可能含有會傷害毛孩刺激性成分，例如：次氯酸鈉、氯和酚、乙二醇醚、甲醛、乙醇、d- 檸檬烯等，如果有就要更換。此外，也要留意有沒有抽菸或粉塵的汙染。

• 提供異位性皮膚炎狗狗低敏飼料

例如有異位性皮膚炎的狗狗，我不建議讓牠吃一般飼料，能給牠吃一些低敏水解配方飼料會更好，水解配方是將容易引起過敏的蛋白質、澱粉處理得更細小，讓狗狗的免疫系統不易辨識、產生過敏反應，又能攝取到需要的營養。

常常眨眼、會用前肢抓眼睛、眼睛表面失去光澤？

可能原因

- 淚液不足
- 乾眼症

淚液裡面有兩種成分，一個是水分，一個是油脂，其中油膜就是保護角膜最好的一個成分，所以當狗狗眼睛失去光澤、出現了一層灰，就表示保護已經不夠，表示牠的淚液分泌是不足的，如果淚液充足，當我們在眨眼時，就像汽車的雨刷般，刷過來刷過去就乾淨了。

檢查項目與治療方式

- 淚液分泌檢測

發現狗狗眼睛表面灰灰的、失去光澤，此時一定要帶牠到動物醫院做淚液試紙檢查看看基礎淚水的分泌量，如果淚液分泌不足，有可能是乾眼症。

在治療上只能用狗狗專用的人工淚液，隨時滴，然後用角膜保護劑，一天 2-3 次，先把角膜保護好後，再使用含有類固醇或四環素的藥水來治療，讓牠的不適能夠得到緩解。

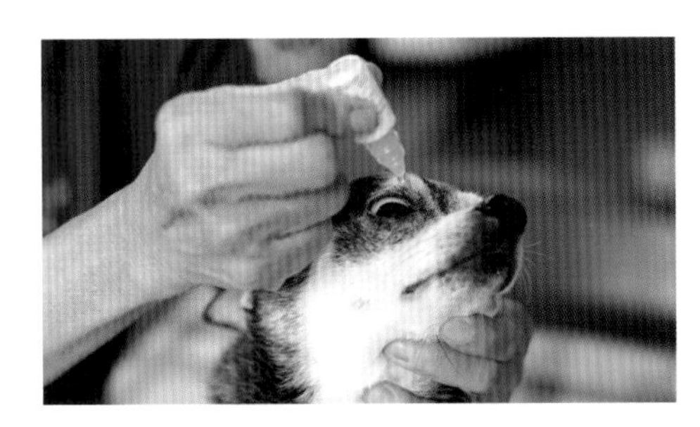

• 乾眼症狗狗需要使用人工淚液與角膜保護劑治療

如果持續惡化

乾眼症情況嚴重時，狗狗甚至是沒有淚液的，眼睛看起來不只乾乾的，第一眼看過去發現眼睛好像有一層灰，這也是最容易被爸媽發現的異常之處。也就是狗狗眼睛外觀出現混濁，也就是「水晶體」出現問題了。

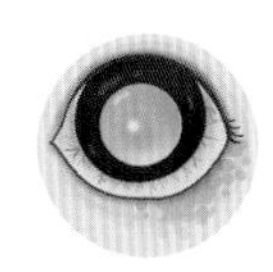
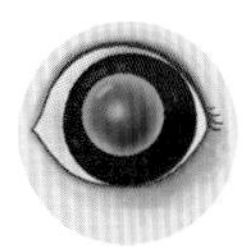
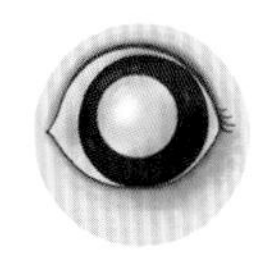

• 水晶體氧化病變的狗狗眼睛外觀

這又分為兩種情況，一個是正常的水晶體退化過程，也就是「核硬化」，跟白內障非常相似，但是它並不是疾病；另外一個狀況是眼睛的水晶體氧化，也就是「白內障」，屬於疾病。要經過醫師的檢查才能判斷是哪一種。

罹患白內障的狗狗，可能還看得到，但也可能完全喪失視力。如果已經喪失視力，就要做白內障置換手術，如果還可以看到，就先不必動手術。

比如糖尿病所造成的白內障，有一個白光點在那個地方，那就是白內障所產生的現象，就像蛋白質的變性，蛋白煮熟了就沒有辦法回復到生的時候，所以只能減緩，無法痊癒。我們會給狗狗吃一些抗氧化劑，比如花青素，或者提供眼藥水或口服藥，來減緩惡化的速度。

• 罹患白內障的狗狗眼睛會呈灰白色混濁狀

發現狗狗眼球出現灰色混濁物的處理方式

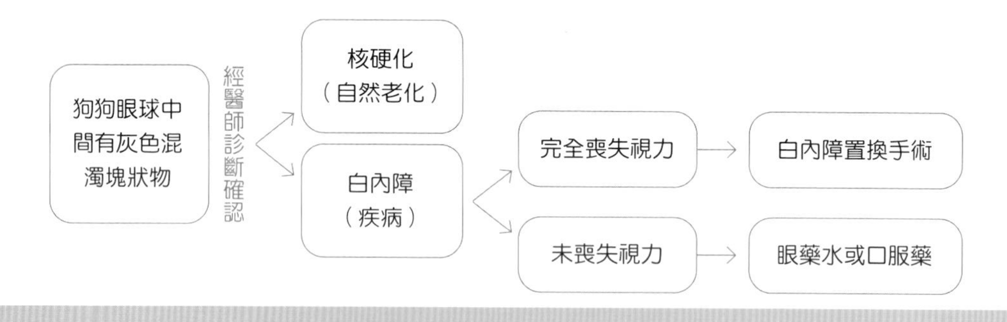

到動物醫院做淚液測試

⊙ 就醫前這樣做

當爸媽發現毛孩眼睛出現灰色，一定要帶到動物醫院做淚液測試，絕對不要拿人在點的眼藥水幫毛孩點，要先確定原因是什麼，才能做進一步的治療。例如有時候是狗狗的角膜有潰瘍，就不能使用含類固醇藥劑，會延緩角膜的癒合，當角膜不癒合時，潰瘍就會慢慢變深，小病有時候會因此變成大病。

眼白處變得很紅，有時會流出黏液般的分泌物？

可能原因

- 結膜發炎
- 乾眼症
- 鼻道不通暢

檢查項目與治療方式

- 淚液分泌檢測

眼睛發紅最常見的原因就是結膜發炎、乾眼症，也可能是鼻道不通暢引起的。

首先，我們會觀察分泌物，確認是不是結膜發炎、發炎的程度。順便檢查牠的角膜，是不是有潰瘍或破損，也會進行淚液分泌檢測，檢查淚液的分泌量看到底是不是乾眼症所引起的。淚液試紙檢測的結果，一般來說，狗狗正常的淚液分泌量大約 15-25mm，淚液較少為 10-14mm，10mm 以下為淚液不足，也就是乾眼症。老齡犬發生乾眼症的機率也比較高。

結膜發炎，如果有角膜潰瘍或受損，會提供抗生素給狗狗；如果是乾眼症，就是使用人工淚液和角膜保護劑，來保養牠的眼睛。

另外，我們也會觀察牠的鼻道，小狗的鼻道有沒有通暢？如果路徑

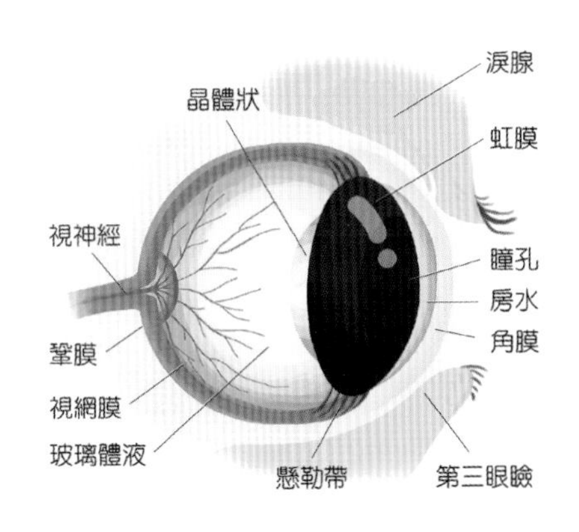

• 當角膜有潰瘍或破損時，狗狗的眼睛就會發紅不適

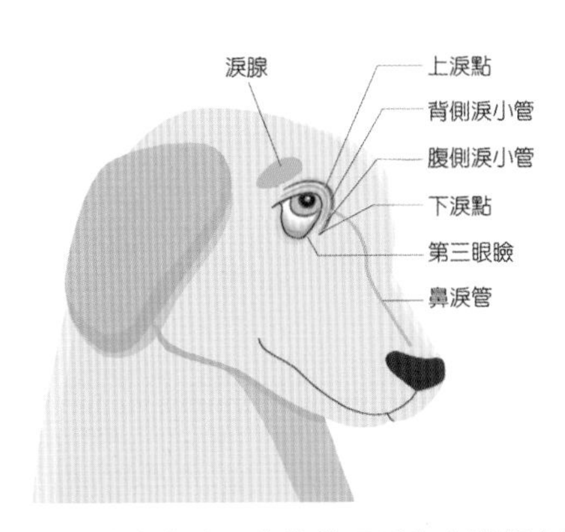

• 鼻淚管堵塞時，狗狗的眼淚和鼻涕都會變多

受阻，淚液自然就沒辦法分泌出來，也就會有一些眼屎堆積在那裡。

一般鼻子通暢的情況下，多餘的淚水會經由鼻淚管流到鼻子內排出。當鼻淚管阻塞，眼睛表面便會積水，我們常常講說一把鼻涕一把淚，當眼淚變多時，鼻涕也會慢慢變多，鼻道的阻塞也會越來越嚴重。

眼周分泌物顏色越深，發炎越嚴重

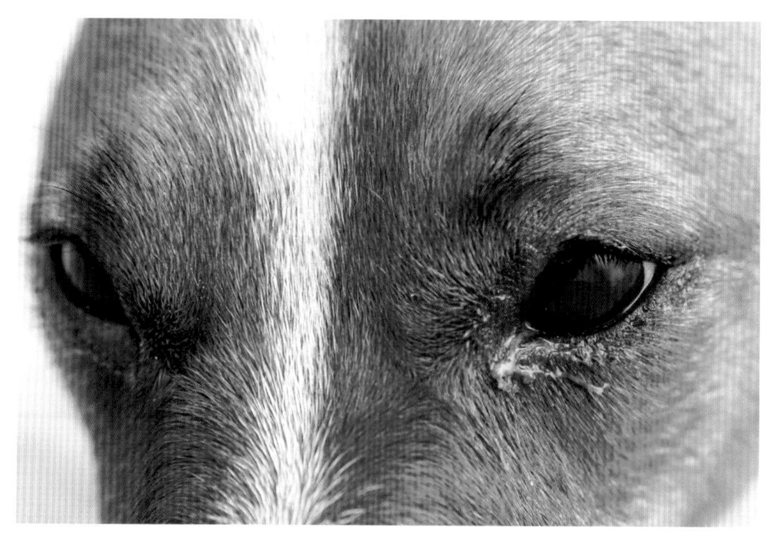

• 狗狗眼周分泌物是透明或白色都是正常的

⊙ 就醫前這樣做

狗狗沒有生病的情況下，剛睡醒也可能出現眼屎，但量不會太多。如果發現家裡的毛小孩的眼屎有在增加，家長第一個可以做的動作，就是把牠的下眼瞼往下翻，看看牠的眼瞼。正常來說應該是粉紅色，如果有偏黃，那就是結膜在發炎，連帶刺激分泌物增加。其次，可以觀察分泌物的狀況，是清澈？還是乳白色，或者是黃色的？來推斷牠的結膜發炎程度。情況越嚴重，分泌物的顏色會越深。

結膜發紅充血、眼屎量明顯增加 眼睛怕光、流淚不止？

| 可能原因 |

- 血管增生
- 血液寄生蟲

小狗狗的眼白開始有在變紅，一般來說都是血管增生導致的。表示說裡面有在嚴重發炎，例如如果血管是從瞳孔下方的眼白慢慢往角膜增生，表示那個地方的角膜在缺氧，就要趕快帶狗狗到動物醫院讓醫生檢查，所以爸媽只要觀察到狗狗不對勁，比如正常的眼白顏色已經改變了，或是行為改變了，這個時候就要趕快帶去給醫生看，千萬不要拖，越拖只會讓牠的疾病惡化下去。

| 檢查項目與治療方式 |

- 抽血檢查

眼白變紅之外，還要看看是不是還有出血斑。如果有出血班，那就要做抽血檢查，看血小板的濃度夠不夠？如果血小板數量偏低，表示凝血機制不完全，大概不會只有在眼白的地方會出現血斑，在狗狗的皮膚上稍微用力戳一下，都可能會出現血斑。

另外一個就是檢查身體裡有沒有血液寄生蟲，如果狗狗被血液寄生蟲的媒介例如壁蝨、跳蚤、蚊子等叮咬。就會將血液寄生蟲，如艾利希體、焦蟲、心絲蟲帶入體內，導致貧血。

會入侵狗狗身體的寄生蟲，可以分為體內和體外寄生蟲，體內寄生蟲一般是寄生在狗狗的血液或腸道中，體外寄生蟲則常見在狗狗的毛髮、皮膚、耳道，兩者都屬於傳染病的媒介。一般最常見的像是蚊子、壁蝨、跳蚤、毛囊蟲、疥癬蟲、心絲蟲等等。其中，毛囊蟲也會躲藏在人的睫毛裡面，屬於人畜共通的寄生蟲。

常見導致狗狗生病的寄生蟲	
體外寄生蟲	跳蚤、壁蝨、耳疥蟲、疥癬蟲、毛囊蟲
體內寄生蟲	心絲蟲、蛔蟲、鉤蟲、絛蟲、鞭蟲

許多爸媽認為狗狗都養在家裡，沒有出去，為什麼要防寄生蟲？但雖然狗狗沒有出去，可是人會出門。一旦出門，衣服褲子多多少少就會沾染到這些傳染媒介，比如說像跳蚤，尤其爸媽的工作場所如果是在建築工地，或者是園藝工作者，那些傳染媒介會爬到褲管，然後就帶回家了。

或者有些爸媽喜歡帶狗狗去戶外活動，戶外有很多壁蝨、跳蚤，特別是壁蝨是很強大的傳染媒介，通常藏在草叢的葉子上，有些狗狗很愛滾草地，就很容易因此被寄生，壁蝨只要吸一次血，就可以數年不進食，生命力非常強。而蚊子透過叮咬，會將心絲蟲輸入到狗狗體內，嚴重時會造成心血管疾病甚至死亡，所以寄生蟲的防治很重要。

防堵傳染病要靠疫苗，體外寄生蟲預防和治療，就是靠「一錠除、全能狗 S」這類用滴劑或者口服的藥物，不過這些屬於處方用藥，一定要諮詢過獸醫師，瞭解狗狗的身體狀況和需求後再購買。

寄生蟲防治一定要固定頻率進行，如果是用滴劑驅蟲的，每個月要滴一次，如果是用口服藥劑驅蟲，就要每月固定吃一顆，也有打預防針驅蟲的，固定時間就要注射，比如說像冬天快到了，就要打肺炎鏈球菌，一年打一次。

爸媽們要有所認知，飼養狗狗不光是陪伴，而是現在的醫療，養寵物慢慢的跟養小孩子一樣了。

狗的體外寄生蟲

走路跌跌撞撞、眼瞼腫起 視力明顯退化？

| 可能原因 |

- 腦神經、耳朵、眼睛出現異常

狗狗走路跌跌撞撞的可能原因

- 腦部受損→神經受損導致平衡失調
- 眼睛問題→視力退化
- 耳朵異常→半規管、鼓泡室異常導致平衡失調

| 檢查項目與治療方式 |

- X光檢查
- 超音波
- 眼底鏡
- 核磁共振
- 照光檢查

走路跌跌撞撞有幾種原因，一個是牠本身的腦部產生的神經症狀，造成牠的共濟失調（平衡失調），共濟失調會讓狗狗的頭沒辦法對焦，這時候就要做腦神經檢查，看是不是腦神經損傷，我們有個表格可以檢視是哪幾對腦神經出了問題，對照狗狗的反應到哪裡？是反應消失還是亢進。另外也要確認牠是不是有先天性的水腦？因為這些都會影響到一些臨床症狀。

接著，還要做耳朵的檢查。因為有的時候可能是耳朵裡的半規管產生了異常，或者是中耳或內耳平衡產生了異常，也會造成平衡失調；或者透過照 X 光，看牠耳朵裡面的「鼓泡室膜」是不是有液體，是不是因為這樣子導致上呼吸道感染，造成鼓泡室積液或者出血，如果在檢查時就發現鼓泡室有異常現象，就必須進一步做區別診斷。

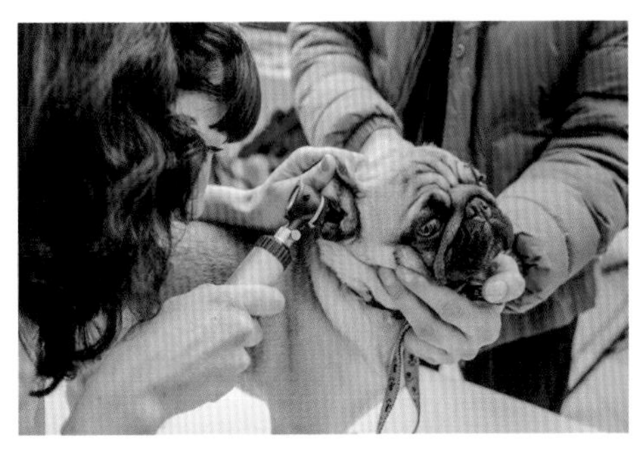

• 狗狗走路跌跌撞撞，可能是耳朵出了問題

最後，再來判斷是不是眼睛的問題。如果說牠是幼年犬有走路跌跌撞撞現象的話，一般來講跟遺傳可能有關係，那如果是老年犬，就表示牠真的是視力退化所造成，而退化的原因就很多了，包括前面提到的腦部問題、耳道的問題，再來就是眼睛的問題，這三個檢查出來後，才能提供比較全面的治療，而不是只有單一的治療。

・怎麼知道我家狗狗的視力減退了？

最簡單的方法就是看牠能不能夠看到食物，或者是你需要拿多近才看得到？另外，當狗狗會一直看著爸媽，是因為牠想確認看到的是不是熟悉的影像？所以當牠走路開始會撞到東西，或者走路會怕撞到什麼，就表示牠視力開始在減退。

而視力減退，要確認的是視神經的衰退，或者視網膜有破損，所以需要檢查的項目就會很多，比如說需要做眼睛超音波，或者是做眼底鏡，甚至要做核磁共振〈CT〉等等。

另一個視力減退的原因則是眼球腫大，導致眼球腫大的原因就更多了，例如要看看牠是不是有眼壓上升？要用眼壓計檢查牠的眼壓，大約 13-25mmHg 為正常值。另外，透過照光檢查牠的瞳孔會不會自然收縮，如果不能收縮，就會懷疑牠的眼壓是增加的。

如果眼壓過高，表示牠的眼前房的液體沒辦法排除，眼睛就會腫大，會壓迫到牠的視網膜而造成視

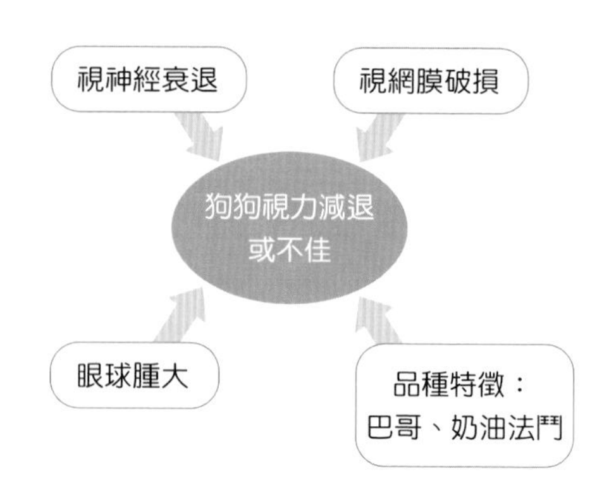

網膜變薄，導致視力變差。另外，眼壓上升也可能影響到視神經，造成眼球整個突出。

最後是品種的問題，比如像短吻犬的巴哥，或者是奶油法鬥，本身的眼球就比較突出。如果經過檢查發現牠都沒有問題，但爸媽還是不放心，也可以做針對骨頭腫瘤的斷層掃描，或者針對軟組織的核磁共振。

・狗狗的身體會莫名抽動，則可能是癲癇

如果狗狗走路不是跌跌撞撞，而是會莫名抽動，就要留意可能是癲癇，癲癇又分為小發作跟大發作，小發作就是嘴角抖動，可是很多很多家長都會忽略掉，以為牠是神經抽動。一般來說，爸媽會注意到的通常都是大發作，狗狗不只會四肢抽搐，有的時候甚至會咬自己的尾巴。

如果發生疑似癲癇的情況，主人當下要先安撫，然後要趕快送醫院，有時候需要打一些鎮定劑，讓牠先安定下來，否則大發作的癲癇是很危險的。

狗狗癲癇發作的表現

• 小發作：嘴角抽動

• 大發作：四肢抽搐

• 大發作：追逐自己尾巴

看診前、後的準備與照顧

⊙ 就醫前這樣做

爸媽們可以先觀察狗狗從什麼時候開始有走路跌跌撞撞的情況？除了這個症狀以外，還有沒有其他的症狀？比如說牠走路頭會不會歪？會不會叫？頭會不會抬不起來？這些都有助於診斷。

⊙ 照顧神經衰弱狗狗的方法

儘量減緩讓狗狗的五官受到強刺激，譬如說重金屬音樂、突然燃放鞭炮，或者是強光、驚嚇等等。尤其對於有病史的毛小孩來說更要避免。而且有時候小狗又看不到，所以有時候爸媽要先出個聲音。還有，味道一定不要亂改變，居家環境的擺設或是味道不要突然間改變太多，否則會造成牠撞來撞去，撞到角膜，角膜就會潰瘍，就需要動手術修復了。

眼睛上有一層白膜、出現櫻桃眼？

可能原因

- 黴菌感染
- 細菌感染
- 角膜水腫
- 第三眼瞼脫出（櫻桃眼）

眼睛上面一層白膜的話，白膜形成的原因，有可能是黴菌或細菌感染，也有可能只是單純的一層膜。另外有一種白膜叫做尾膜，牠是一個瞬膜，又叫第三眼瞼，那瞬膜有時候會整個覆蓋眼球。仔細觀察毛孩在睡覺的時候，眼睛會有一層透明或半透明的皮褶，由內往外去覆蓋住角膜，牠的作用是濕潤及保護眼球表面，所以一旦被破壞，就會有乾眼症的現象。

• 狗狗可能因為緊張而發生第三眼瞼脫出的狀況

如果第三眼瞼不是被破壞，而是眼瞼脫出，也就是在下眼瞼內側下方有一個小白脫出，稱為櫻桃眼。不過無論是哪一種情況，都要帶去動物醫院確認。

如果眼睛上有一層白膜，我們會確認那個膜是不是能刮除，有沒有跟角膜沾黏得很嚴重？或者說只是角膜水腫，那情況就不一樣。檢查後如果發現只是一般眼睛外部感染，只要點眼藥膏就可以，所以要透過檢查來確定原因是什麼，再來做後續治療。

如果是第三眼瞼被破壞，引發乾眼症，那就要用人工淚液和角膜保護劑去治療和保養；如果是第三眼瞼脫出，外觀像是眼睛掉出一個小肉球的樣子，最好的方式還是初期注意到時，就趕快去動物醫院，把狗狗脫出的眼瞼推進去，順便做檢測看是不是有其他疾病，但如果狀況比較嚴重了，推不回去，就需要動手術剪開後再推進去，不過對於眼睛多少會造成傷害。

除此之外，有第三眼瞼脫出情形的狗狗，要避免受到驚嚇或過於緊張，因為一緊張，就容易發生脫出現象。

眼睛下方、嘴巴周圍出現黑斑？

可能原因

- 黑色素細胞瘤
- 甲狀腺低下
- 皮脂腺分泌異常
- 牙齒齒根發炎

檢查項目與治療方式

- 穿刺細胞抹片檢查

狗狗的眼睛下方跟嘴巴周圍如果出現了腫塊，檢查時，要先做細針穿刺製成細胞抹片進行檢查，看看是不是黑色素細胞瘤？黑色素細胞瘤除了眼睛嘴巴周圍容易出現外，皮膚、腳趾也是好發部位。

不過，也有可能只是黑色素沉澱而已。

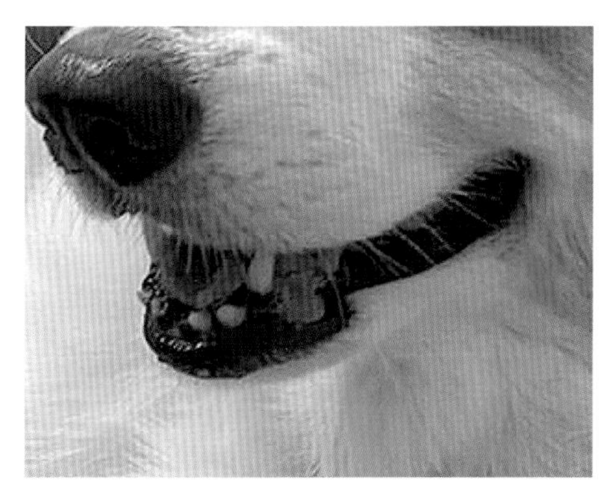

• 黑色素細胞瘤

黑色素沉澱可能是因為皮脂腺分泌異常引起，所以皮膚裡面長一些粉刺，在治療上就是做局部刷洗就可以了。

還有，就是內分泌的問題。

內分泌系統中有甲狀腺，甲狀腺功能低下，甲狀腺的位置在狗狗頸部氣管的兩側，甲狀腺素分泌不足的狗狗，會有行動緩慢、容易疲倦、嗜睡、皮毛看起來無光澤的狀況，也會產生黑色素沉澱的情形，就形成黑斑，治療方式主要是透過藥物控制。

當爸媽看到黑斑這個狀況時，雖然只是小小的一個皮膚徵兆，但是所考慮的疾病屬性，就不是這麼單一，需要更全面的看，例如透過穿刺化驗來進行診斷。

另外，如果是在眼睛的下方，看到鼓起一個膿包，破掉後會有膿跑出來，這種一般都不是眼睛的問題，而是因為第三前臼齒的齒根發炎，細菌通過齒槽骨、上顎骨，到達眼瞼附近的皮膚底下，形成皮下膿腫，也就是「顏面廔管」，是牙齒齒根發炎進而導致臉部發炎，這個問題不在眼睛，而是牙齒的問題，也是爸媽常常會忽略的地方。

顏面廔管在治療上吃抗生素會好，可是一旦停藥，過了幾個禮拜以後，又會開始重新再發生，所以根本解決方法就是把牙齒拔掉，然後牙齒裡面去做清洗再把洞補起來，再開口服抗生素和消炎止痛藥給狗狗。

所以有時候眼睛的問題並不是局部在眼睛而已，因為眼前房液的眼睛循環跟體內心血管大循環是不一樣的，因為眼睛是自己組成一個小世界，自己有一個微循環，就在裡面繞圈圈。然而當角膜的循環跑到大循環裡，就會引發免疫反應，所以免疫反應就會去攻擊角膜。

讓毛小孩吃對葉黃素，做好眼睛保養最重要！

我們都知道預防勝於治療，等到疾病發生再補救，真的有點晚。所以最好的方式，就是在平日裡就幫毛小孩做好眼睛的養護，比如挑選適合牠們的葉黃素營養品，就是一個不錯的方式。

但是市面上的葉黃素種類及品牌那麼多，到底該怎麼挑才適合自己的毛小孩呢？我想，可以多加注意以下兩件事。

第一：來源。爸媽們如果細看葉黃素的包裝說明，可以發現到來源其實就有不小的差異。同樣都是葉黃素，但因為來源的不同，直接影響到的就是毛小孩的健康以及實際起到的保健功效。我建議可以選擇在全球取得最多論文研究發表專利的 FloraGLO®Lutein 葉黃素是比較好的。另外游離型相對脂化型的葉黃素分子小且易吸收。

第二：配方成分。比起單一成分，複方的配方，包括符合美國 AREDS-11 葉黃素 10mg：玉米黃素 2mg 的黃金比例、蝦紅素、魚油〈含 EPA/DHA〉、黑醋栗、山桑子、黑大豆、松樹皮、小米草等等含有 9 種複合成分的葉黃素，不僅能抗氧化、抗發炎，對於保護眼睛、預防保健更有不錯的效果。臨床實證上，我們也看到小狗吃了一個月的葉黃素複合物後，眼睛明顯變亮。

耳朵出現異常

除了眼睛以外，當耳朵出現了異常也是爸媽比較容易注意到的。當狗狗耳朵出現異味、異常脫毛、紅腫出血、流出膿或血樣分泌物等，爸媽都要特別留意。

出現黑色耳垢
耳朵還飄出異味？

|可能原因|

● 外耳炎

除了眼睛以外，當耳朵出現了異常也是爸媽比較容易注意到的，第一個就是耳朵突然之間變臭。耳朵變臭首先要懷疑是不是外耳炎。造成外耳炎的原因通常都是因為過度清理使外耳發炎，另外就是牠去游泳時被體外寄生蟲感染導致。

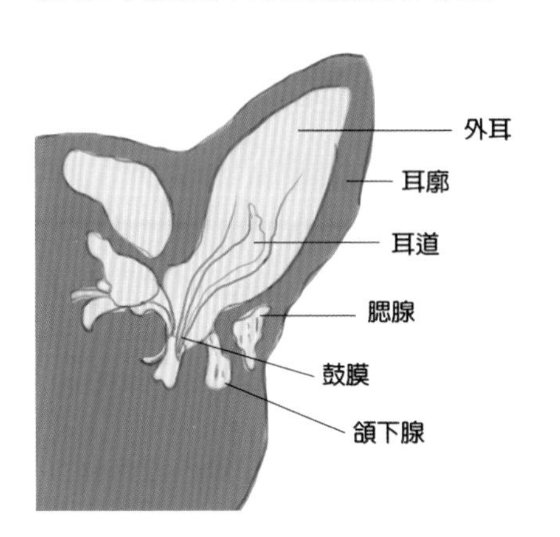

• 狗狗的鼓膜以外都屬於外耳道

狗狗的耳道是屬於「く」型的，一般都是看到耳道垂直部跟水平部的交叉口。耳道比較短的狗會先看到鼓膜，鼓膜以內才是中耳，鼓膜以外都是外耳道，有些則是外耳道很長，這和品種和體型大小有關。

人跟狗的耳朵裡面都有一個耵聹腺，會分泌皮脂，當狗狗耳朵裡面出現髒污，那就是因為皮脂的分泌，再加上灰塵等等，也就是我們可以看到出現在狗狗耳殼的黑色耳垢，尤其如果住家是在大馬路邊，汽車所排放出來的油污也容易影響到狗狗的呼吸道、眼睛跟耳道。

如果耳垢只出現在單耳、飄出異味，比較有可能是因為過度清理導致，有些爸媽會拿著棉花棒直接在狗狗耳道裡面挖，其實這是一個很危險的動作，因為在挖的時候會刺激耵聹腺一直分泌耳垢，造成耳道一直是潮濕狀態，耳道潮濕就會造成一些細菌感染，細菌感染會刺激我們的免疫系統釋放出組織胺，而組織胺會進一步造成皮膚發癢。

另外一個判斷狗狗是不是外耳炎的方式，就是觀察牠會不會常常在搔癢，因為耳道有異樣時，狗狗的後肢一定會去抓耳朵，所以最容易分辨的方法就是觀察牠耳殼後面的毛，是不是常常會被抓掉，出現脫毛狀況，如果看到這種現象，就有可能是外耳炎所引起。不過，如果牠搔抓的位置不固定，就比較有可能是異位性皮膚炎。

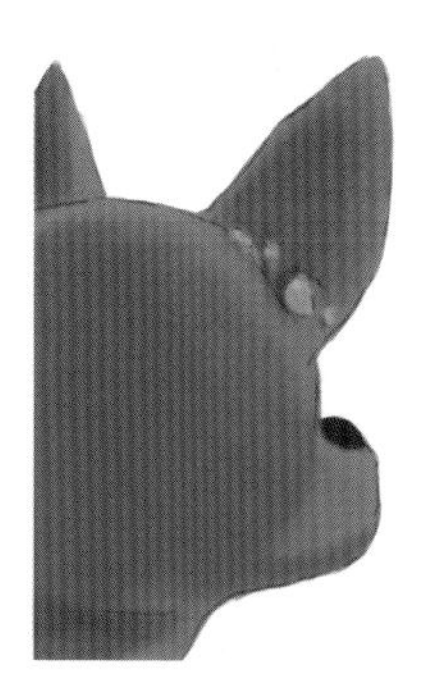

• 狗狗耳朵後方有脫毛狀況，可能是罹患外耳炎引起

因為品種的不同，有些狗狗是豎耳，有些狗狗是垂耳的，垂耳的狗狗發生外耳炎的機率就會比豎耳狗狗發生的機率還要來得高。這是因為它裡面的空氣沒辦法對流，沒辦法乾燥，所以如果是垂耳的狗狗，最好能固定的用雙手幫牠把耳朵拉起來，每一天要豎起來一段時間，讓牠耳道能夠通風來預防與保健。

|檢查項目與治療方式|

- **觸診耳朵的柔軟度或是否有變硬**
- **檢耳鏡觀察耳道狀況**
- **會先用清耳液清潔耳道，再用脫脂棉花吸出過多的清耳液或讓狗狗自行甩出**

我們會開耳藥。回家後，爸媽們在幫狗狗滴耳藥時，滴進去後，要先揉揉牠的耳道外的皮膚，然後讓牠自己去甩頭，把裡面髒東西給甩出來，我曾經看過一個主人，在幫狗狗滴耳藥時伸太裡面，結果就把耳道弄出血了。

如果小狗或小貓不會甩頭時，幫牠滴入耳藥後，一定要把耳藥再清出來，避免累積在耳朵裡。另外就是送狗狗去洗澡前，要先在耳朵塞入棉花球，避免水灌到耳道裡面。作法就是把脫脂棉揉成一團〈不能太小〉足以放在耳道出口即可。

幫狗狗清耳垢的正確方法

我們動物醫院幫毛孩清耳殼、污垢時，會事先塞一塊棉花，讓水不要直接就跑到耳道裡面去，再用一些清水或是生理鹽水，先把一些比較乾固的耳垢或是黑色的耳垢先把它軟化，接著一樣也使用棉花棒，但是在擦的方法上是在某個地方輕輕的把耳垢挑出來，慢慢地清乾淨，不是把整支棉花棒伸到裡面刷或是挖，這樣就不會造成狗狗耳朵受傷。

常常抓耳朵後方？

可能原因

- 耳疥癬
- 外耳炎

變得超愛抓耳朵，可能是耳道發炎，包括外耳炎，以及耳疥癬。

狗狗罹患耳疥癬時，表示耳朵被耳疥蟲感染了。耳疥蟲是一種會寄生在狗狗外耳道的寄生蟲，雖然不會寄生在人體，但是如果人被耳疥蟲咬到皮膚，會起紅紅的小疹子。如果狗狗被耳疥蟲咬到並寄生，首先是牠的耳殼外緣會變厚，一旦變厚，牠就會想要搔癢，常常抓耳朵後面，或者做出甩頭的動作。

雖然耳疥癬無法直接用肉眼辨識，但可以用觸摸的方式察覺，一般來講狗狗的耳殼是很光滑的，如果爸媽在摸狗狗的耳殼時感覺到粗糙，會有點刮手，那可能表示狗狗受到寄生蟲例如耳疥蟲的感染。

• 罹患耳疥癬的狗狗常用後肢搔抓耳朵

檢查項目與治療方式

- 檢耳鏡檢查
- 顯微鏡檢查

寄生蟲感染需要帶到動物醫院，進一步透過顯微鏡或檢耳鏡檢查，耳道內視鏡只能看到狗狗耳道內，有很多白色會爬動的小點，透過鏡頭則可以明顯看到耳疥蟲爬動的樣子。

罹患耳疥癬的狗狗，我們會建議使用滴劑來驅蟲，一般是一個月滴一次。不過現在大家普遍不管是投藥還是滴劑，每個月都會做一次外寄生蟲的防治，所以比較少看到耳疥癬的病例了。

至於外耳炎，反而是以前比較少，因為以前的狗狗大多飼養在外面，近年因為肺炎疫情的關係，爸媽在家每天看著小狗，就容易過度清潔，而且只要看到狗狗有一點不對勁，就會趕快送動物醫院，因此病例數就會變得比較多一點。

外耳炎有時候跟甲狀腺功能低下也有關係，代表狗狗身體的油脂調控功能不是很好，這也和耳朵內的耵聹腺有關，所以在診斷上，我們會去做全面的考量，而不只有看單一面向。

外耳炎的治療一般是開耳藥，讓爸媽回家後可以幫狗狗滴耳藥，滴的方式，可以參考第 74 頁的圖解說明。

NOTE 獸醫師的看診筆記

可能平常爸媽很少有時間去觀察，但其實狗狗的有些動作是慢慢養成的，牠的一些行為舉止也會隨著年齡而有所改變，比如說，牠的身體機能跟年輕的時候不一樣了，但很多家長對狗狗的印象，還是停留在狗狗還小、會活蹦亂跳的年齡，忘記了狗狗實際上已經十幾歲了，早就過了活蹦亂跳的階段，想說奇怪了、牠怎麼不好動了？是生病了嗎？會一直去跟獸醫說是不是要給藥讓牠可以回到以前活蹦亂跳的樣子。

可是，畢竟十幾歲的狗狗，乘以六，換算成人的年齡也接近七十歲了，這個年齡還期望能去打籃球嗎？也不可能的。狗狗活潑的年齡，大概在七歲之前，牠能跟你玩的年齡大概也就只有六年的時間，到牠七、八歲以後，大概就不太想動。

所以爸媽要有這個認知，狗狗在每個年齡階段都有牠相對應的一些生理狀態，不能拿以前的來做比較，在飼養的過程中，生、老、病、死，一定會面臨到，只是當牠走完牠的人生旅程，爸媽的心理負擔會很沉重，需要一段時間才能走出來，而這個是一個生命課題，這個課題，我們要去學習，看牠從一個小肉球，慢慢長大，會跟爸媽玩，然後到最後躺在那邊再也不動，其實也是人生的縮影，牠的整個生老病死，很快演化一遍，是一個生命的終了，其實也可以看成是牠陪伴你的任務完成了。

耳朵紅腫出血？

可能原因

- 耳疥癬
- 掏耳朵時太用力或太深
- 滴耳藥時間過長
- 耳朵內有腫瘤

如果耳朵出現紅腫的話，一般都是「耳血腫」的機會比較多，就是耳朵中有出血的情形。

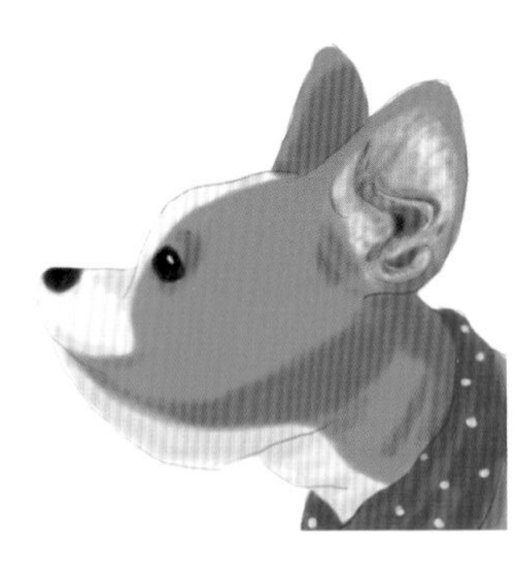

造成耳朵出血的原因很多，例如因為被寄生蟲感染造成的耳疥癬。耳疥癬會有耳朵皮膚發癢的情況，狗狗感覺很癢、就會去甩頭，甩頭的時候因為離心力的關係，造成耳殼內的微血管破裂、出血，血液堆積在耳朵皮膚和軟骨之間，讓耳朵上半部出現血腫塊。你用手去摸時，可以感覺到溫溫的，就表示那裡還在出血；如果摸起來是冷的，表示說出血塊已經凝血凝固了。

其他造成耳朵出血的原因，大部分和跟人過度親密有關，比如說當主人不瞭解狗狗耳部的構造，在幫狗狗掏耳朵的過程中太過用力或者是掏得太深入，就會引起耳朵出血。或者是滴耳藥的時間過長，就會造成狗狗耳道的皮膚受傷，那就會出血。

除了上述原因，如果耳朵裡面有腫瘤，也會造成出血，因為裡面的耵聹腺屬於一種皮脂腺，有腺體就會有血管，那如果說有腫瘤，就會造成微血管破裂而出血。

除此之外，血腫又分為幾種，一個是耳殼的叫做耳血腫，如果是整個耳朵的血腫就是發炎，造成發

• 就醫前先幫狗狗戴頭套，避免牠持續搔抓耳朵

炎的原因，可能是因為搔抓導致，也有可能是被其他的狗咬傷感染造成傷口腫起來。

｜檢查項目與治療方式｜

- 檢耳鏡檢查
- 耳道是否有增生物或是發炎

我們會透過耳道內視鏡檢查，利用檢耳鏡，可以檢查外耳道有沒有傷口、發炎，或者異常的分泌物、異物、寄生蟲等等，在耳血腫的情況，就是看看是哪一個地方出血，確認可能的原因和位置。

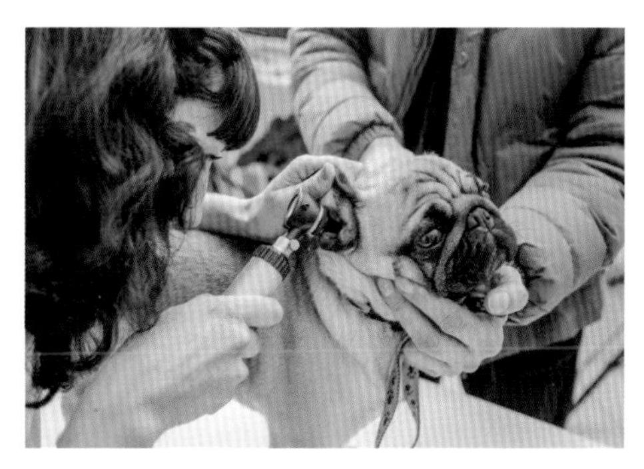

• 檢耳鏡是狗狗進行耳朵檢查時最常見的工具

耳血腫的治療有兩個方法，一個是積極治療，就是動手術，把耳殼切開、清除血塊以後再做縫合，讓耳道能夠形成、不會被血腫堵塞住。不過再怎麼樣，因為耳朵本身的構造就是中間有個軟骨，旁邊就是皮膚跟血管，所以手術治療後，牠的耳殼就會因組織增生而變得比較厚。

第二種治療方法，就是抽血，也就是直接把血腫裡面的液體抽出來，再把耳朵固定在後腦上面，做固定是為了避免牠再甩耳朵、會讓血腫更嚴重，所以在做耳血腫治療時，還要跟外耳炎、異位性皮膚炎一起治療，否則搔癢狀態沒辦法改善就比較不好。

一般發生耳血腫，如果沒有及時做治療，或是有的醫師說讓牠自己好就好，但是耳血腫會造成耳殼增厚、纖維化，甚至狗狗日後耳朵會整個皺縮起來，外觀看起來會有點怪怪的，如果說爸媽能夠接受這種情況，當然就沒有問題。

當耳朵如果出現問題，一般來講可能不單純是耳朵本身的問題，還可能是體外寄生蟲、異位性皮膚炎，以及其他的感染，都必須一起考量。

狗狗的耳藥的滴法&用錯耳藥後果嚴重

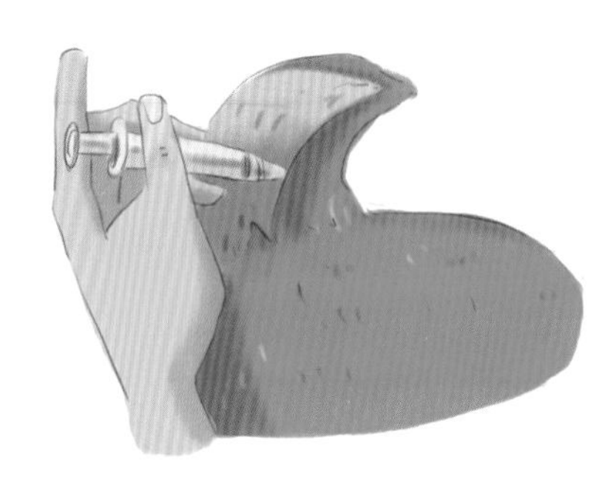

• 1. 先瞭解狗狗耳朵的構造，當看到耳道以後，順著走向滴進去。

• 2. 充分揉耳根部位，就是頭顱跟耳朵的交界點，在揉的過程中可以聽到液體的聲音。

• 3. 讓狗狗甩甩耳朵，髒東西就會整個被甩出來。

市售的清耳液以及治療液有很多，建議先諮詢專業獸醫師，然後再去做選擇。有些人會在網路上買藥，雖然會比較便宜，可是如果出了問題，狗狗耳道就會壞掉，甚至因為耳道被長期刺激，造成耳道增生，整個耳道被堵塞住，檢耳鏡根本就看不進去、耳朵裡面的髒東西也出不來，這時候最終的解決方法就是把整個耳道摘除，但是這不但狗狗會很痛，在聽覺上也會變成好像中間隔了一層膜，聽力就會減退，所以還是儘量和獸醫師確認用藥後再使用，以免後果不堪設想。

耳朵流出膿樣分泌物？

｜流出膿樣分泌物的可能原因｜

- 耵聹腺增生
- 纖維素增生
- 癌症前兆
- 細菌感染

｜流出膿樣分泌物的檢查項目與治療方式｜

- 耳朵內視鏡檢查
- 耳道灌洗
- 抹片檢查

當爸媽看到狗狗的耳朵有一些黃色的東西流出來，或者狗狗不舒服，就會邊抓邊甩的甩出來，有時甚至會看到鼻涕或是起司般的團塊，也就是膿樣分泌物時，看到這些情況，就要趕快送到動物醫院。

醫院一般會先做耳朵內視鏡檢查，然後確認狗狗的病史、這個狀況發生時間多久、有沒有吃過什麼藥等。除此之外，從耳道挖出來的東西會先做抹片，看看裡面到底是什麼，或是做細菌培養。

如果說發炎很嚴重，要先麻醉再做耳道灌洗，把裡面洗乾淨，有時要洗不只一次，看牠耳朵發炎的程度如何來決定。灌洗完之後，再用五官的內視鏡去看裡面的狀態，甚至於如果在檢查的過程當中，看到了什麼不好的東西，可以裁切樣本下來檢查，有可能是纖維素增生，或者是耵聹腺增生，甚至於說癌化都有可能。

另外，也有可能是細菌所引起，那就要看屬於哪一類的細菌，因為細菌分為兩類，一個是格蘭氏陰性，另一個是格蘭氏陽性，陰性菌一般來講像大腸桿菌就是一個代表；陽性菌像葡萄球菌、鏈球菌為代表，這些都是常在菌，也就是一般會存在我們身體裡面的。雖然這些菌是常在菌，可是一旦感染過多，或對某些東西產生抗藥性，就會產生發炎，所以還是需要一些抗生素來做防治，治療上就是局部用藥。

用在治療耳道、眼睛的藥物，一般來說口服藥的效果會比較差，因為血液循環要治療局部區域會比較慢，所以會以直接的局部用藥為主，口服藥為輔。口服用藥還是必須的，因為它對於減緩疼痛或是止癢，以及敗血症來說，還是有輔助效果。

｜出現血樣分泌物的可能原因｜

- 外傷引起
- 微血管破裂
- 腫瘤破裂

如果是血樣的分泌物，要先看看是不是有外傷，或是說有什麼地方破裂，比起流膿汁，出血的狀況比較麻煩，因為可能裡面有東西爆開，或者是產生不好的東西，才會一直在流血。

｜出現血樣分泌物的檢查項目與治療方式｜

這有可能是腫瘤，先徵詢獸醫師的意見，必要時醫師會建議進行耳道檢查或是斷層掃瞄。

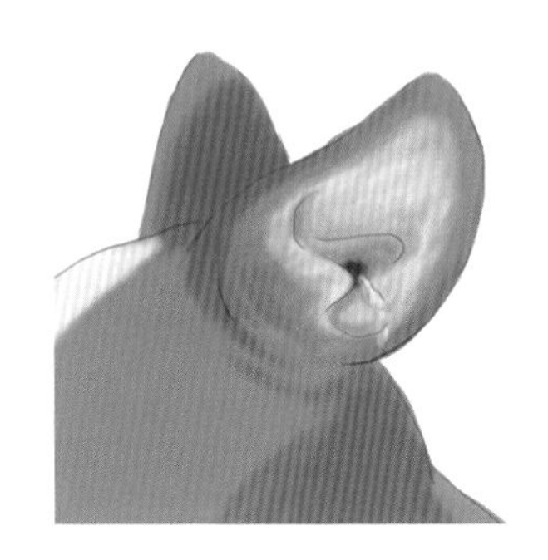

狗狗日常耳朵保養這樣做

最好的預防，就是要在疾病發生之前做好耳朵的保養，平常不要讓耳朵裡面太潮濕，例如幫狗狗洗澡的時候，先塞棉花在耳朵，避免水流入。

• 固定時間用清耳液清潔，平時也要避免讓水跑到耳道。

聽力好像變差了？

｜可能原因｜

- 遺傳疾病
- 聽力發育問題
- 藥物影響
- 聽神經自然衰退

｜檢查項目與治療方式｜

- 腦部聽神經檢查
- 耳朵內視鏡檢查

怎麼知道狗狗的聽力變差？當主人發現到狗狗叫不來，或是叫牠不回應，或者說必須站在牠前面，才會跟你互動時，那就表示他的聽力有在變差，耳道裡面可能出了問題。這時要帶到動物醫院，讓醫師來做檢測，看看需要做哪些的檢查、是不是需要藥物治療。

如果是在小狗時期，第一都是檢查腦部的聽神經，看看裡面有沒有產生阻塞，聽神經是屬於腦神經的一部分。年輕的狗狗，如果有遺傳性的疾病，可能會造成聽神經有早期的萎縮，其次就是它本身聽力發育沒有那麼好。第二種檢查就是用檢耳鏡，看他的耳道有沒有增生。另外，有些藥物中的一些氯霉素會影響到聽神經。

如果是年齡比較大的狗狗，就表示牠的聽神經是整個在退化。如

• 狗狗進行耳鏡檢查

果說它是一個自然的一個衰退，用藥物治療的效果還是有限，只能維持，看看是不是能夠減緩，那像一些營養療法，比如像是提供牠高含量的維生素 B 群，可以調控神經，或者是一些抗氧化物，例如：維他命 C、維他命 E。不過就是價格上不是那麼便宜，爸媽可以做為參考。

神經退化的狗狗適合補充的營養與食材	
維生素B群	魚類、蛋黃、肝臟、海藻
維生素C	芭樂、聖女番茄、柳丁、木瓜、西瓜、鳳梨、草莓、奇異果

不過，如果飼養的是年輕的貓，有怎麼叫都叫不來的情況時，大多跟聽力沒有關係，而是牠想不想理你而已，貓咪不想理人時，怎麼叫都沒有用。另外，如果是老貓，其實什麼都有可能發生，所以貓的一些疾病我們在做區別診斷時，會比較困難，因為有時候牠會根本不理你，跟狗不太一樣。

NOTE 獸醫師的看診筆記

談到維生素 B 群，補充說明，為什麼現在的狗狗的保養品會那麼多呢？第一就是因為現在狗狗跟貓咪已經跟人一樣，都慢慢走向老齡化、高齡化，所以會倚賴保健食品，這也是用人的觀念，然後來套用在毛小孩身上。至於他們到底需不需要？還是一個很大的問號。因為這就牽涉到營養學，比如說小狗狗在成長過程中給牠過多的鈣質，反而會造成骨骼上的不平衡、反而會造成副甲狀腺素產生異常，並不好。所以，每個年齡都有每個年齡的營養需求。

第二，為什麼現在會提倡要多補充？是因為我們都把牠關在家裡，沒有地方狩獵，食物來源就只有飼料而已，久了以後就會有一些營養上的失衡，所以現在有很多的派別就出來了，有的說要吃生食，有的要自己煮，每一家的處方又不一樣，但是每隻狗對食物的喜好可能都不太一樣。

另外，飼料廠商也很多，以臺灣來說，像福壽這個品牌，因為它有炸油，炸出來的豆渣就拿來做飼料，統一也是如此，蛋白質的來源加上其他的配方就變成飼料，可是最重要的，是在補充營養品的同時，要對狗狗做整體的觀察，不是只針對單一疾病或單一症狀去補充。所以，不論是營養品還是藥物，我都建議諮詢各位向醫師諮詢過再使用。

鼻子出現異常

打噴嚏、流鼻水跟流鼻涕，都是狗狗身體上的自我防衛表現，表示鼻子裡有不好的東西，身體想辦法要排出。當狗狗鼻子出現哪些異常，爸媽們就要特別注意了呢？

Q1 流鼻涕、噴嚏打不停、鼻塞→ P.80

Q2 一直流鼻水 → P.83

Q3 鼻尖乾燥、皸裂 → P.84

Q4 鼻子發出惡臭、噴出乳酪樣液體→ P.86

Q5 鼻子流出的液體帶有血絲→ P.88

流鼻涕、噴嚏打不停、鼻塞？

可能原因

- 過敏性鼻炎
- 水蛭入侵
- 癌症
- 鼻黏膜水腫
- 分泌物堵塞鼻道

檢查項目與治療方式

- 超音波檢查
- 鼻腔內視鏡檢查
- 細針穿刺細胞檢測
- 抽血檢查
- 照X光

小狗跟小貓鼻子裡有個鼻甲軟骨，當空氣吸進去時，它會潤濕你吸進去的空氣，也把不好的東西給過濾掉，在這個過程中，如果會刺激到鼻上黏膜，就會打噴嚏。所以有時候空氣冷，造成局部的血管收縮，就會造成打噴嚏，也會有一些分泌物跑出來，就是白色透明帶著黏性的鼻涕。

狗狗在鼻子上面的問題，一般最常見的就是打噴嚏、流鼻水跟流鼻涕，只要看到這些現象，都是身體上的一個自我防衛，就表示鼻子裡有不好的東西，身體想辦法要把它給噴出來。

如果是流鼻涕，鼻涕分為很多種，一種是清澈的，還有綠色的、黃色，甚至有紅色的，但只要有任何的顏色，都不是一個好現象。正常來講如果它是清澈的，我們可以把它歸類為過敏性鼻炎，比如天氣比較冷的時候沒有注意到，就會開始流鼻水，清涕就這樣子流下來，通常也會伴隨打噴嚏。

此外，在檢查的時候，會看牠有沒有伴隨著咳嗽，這個是屬於上呼吸道的感染，所以不光是專注在鼻炎。

如果噴嚏打不停，醫師在問診時，可能會詢問最近有沒有去露營，或者到比較鄉間的溪水邊玩耍，在做臨床檢查時，會看看有沒有水蛭的感染，因為有時在在河邊喝水時，水蛭會趁機鑽進去，狗狗就會一直打噴嚏，甚至伴隨著血一起流出來。

• 到河邊遊玩的狗狗，容易受到水蛭感染而出現帶血的鼻涕

上呼吸道的感染，在 X 光檢查之外，甚至有的要做鼻腔內視鏡，看一下裡面到底是不是有長不好的東西在裡面，譬如說一些增生物或是一些腫瘤，例如鱗狀上皮細胞癌。尤其如果牠有一些顆粒在鼻腔外面能夠看得到，也要做細針穿刺看裡面的細胞形態。

如果細胞型態看起來是腫瘤，就會建議做細胞切除，因為目前為止，腫瘤最好的治療方法還是切除，之後再做化療或放療，不過如果是做放療，一般來說它的復發機率還是很高。

發現腫瘤之後的化療藥物治療，會造成本身免疫力的下降，所以這時候就要注意不能感冒。在化療前，都會先做一個動作叫做血檢，看裡面的白血球量是不是掉下來？因為白血球量掉下來的話，化療就不能做，因為基本的防禦力沒有了，外面的就容易入侵，就有可能造成二次性的感染。

最後，出現鼻塞的情況，一般來講都是鼻黏膜的水腫，或者是裡面的分泌物塞住，造成鼻道不通，如果平常看到牠要張口才能呼吸，或者是呼吸時會異音，感覺牠呼吸不順暢、出現阻塞，如果還伴隨著打噴嚏，就是希望把髒東西給噴出來。鼻塞所造成的呼吸困難，不只狗狗會大力吸氣、也容易產生嘔吐的情形，來看診照 X 光時胃部的空氣應該會比較多。

• 當狗狗因鼻塞而呼吸困難時，也可能出現嘔吐的情形

另外，有時候動物年紀太小，就需要比較長的治療時間。

像我們診所經常會看到大約一個月大、留著鼻水的小貓，因為牠們的肝臟跟腎臟都還沒有長得夠強壯，對一些藥物的代謝會有問題，比如說如果給抗生素治療，到時候可能會造成牠的肝臟損傷，所以只能從食物來保健，比如給牠一些維生素 B 群、離胺酸，讓牠的免疫力能夠慢慢壯大，不只是小貓，以小狗來說也是一樣，沒辦法給藥物，只能從食物保健下手。

• 出生六週以下的幼犬，因為代謝藥物的身體機能尚不完全，需用食物或營養補充品取代藥物治療

留意家中空氣品質、狗狗症狀出現時間

如果狗狗有常打噴嚏、流鼻涕的情況，在問診的過程中，醫師都會問的是：打噴嚏都是在什麼時間點？第二，持續了多久？第三，牠噴出來的東西有沒有異物？

以時間點來說，早上、中午、晚上都不一樣，比如早上可能是因為空氣溫度變化所造成，中午、下午打噴嚏，可能是吃到了什麼不適合牠的食物，如果是出去外面玩回來之後打噴嚏，那就是外面的異物刺激。

晚上溫度下降時也可能會有打噴嚏的情況，另外就是要問家裡的人有沒有在抽菸？或者是說是空汙問題，例如住在大馬路邊、空氣容易受汽機車排氣汙染，或者最近住處附近有沒有放鞭炮等等，要瞭解問題所在。這些在問診來說都是很重要的，才能判斷牠是不是因為外在環境引起的暫時性症狀，但如果是持續性的，持續的時間多久？從什麼時候開始的？有沒有去外面，這些爸媽都要去留意。

一直流鼻水？

| 可能原因 |

- 過敏性鼻炎
- 肺部出水
- 心肺功能問題

| 檢查項目與治療方式 |

- 照 X 光

流鼻水的情況，原因一般來講都是過敏性鼻炎比較多，就是鼻腔受到刺激，然後鼻水慢慢流下來。

第二個來講，可能是肺部出水，表示說牠的肺部的水太多從鼻子跑出來。從聽診聽胸腔的「心音」時會發現，「心音」包含心音強度、有沒有心雜音、心跳規不規律、心跳速度等等，這時候如果聽到一些肺泡音，可能表示牠的肺部有積水，原因通常是在打點滴的時候水打太多進去了。

流鼻水的原因通常是這兩種現象會比較多，一個是過敏性的；一個是過去狗狗住院時可能醫院輸液輸得過頭，就會有水樣液體從牠的鼻子流出來。

另外，正常來說，狗狗黑黑的鼻頭是濕的，偶爾會有一些液體流出來，那還可以接受，但如果伴隨著打噴嚏跟咳嗽，或者是呼吸時會喘，就要帶到動物醫院做一下檢查，是不是有心肺功能上的問題，這時就要去照 X 光。

所以當主人發現到有這種狀況時，要告知醫師，發生的時間有多久？什麼時間最常發生？再來就是牠的飲食，最近吃的是什麼飼料？

如果狗狗的鼻頭受傷，牠就會不斷去舔，有時候冬天到了，為了給牠喝溫水，結果造成鼻頭燙傷，這個也要特別去注意，因為牠鼻頭的皮膚很敏感，牠上面會有些小毛與細胞，做為偵測外面的環境，一旦燙傷，會影響到嗅覺。

鼻尖乾燥、皸裂？

| 可能原因 |

- 犬瘟熱等傳染病
- 寄生蟲感染

| 檢查項目與治療方式 |

- PCR 檢查
- 血液檢查

狗狗鼻尖如果出現乾燥或皸裂，就要去看是不是傳染病所致，比如像犬瘟熱這種傳染病，不過在台灣因為給狗狗打疫苗的觀念已經相當到位，所以如果是有打過預防針的狗狗，通常就比較不用擔心，但萬一沒有打過預防針的話，就要特別注意。

我的門診曾經發生過一個病例，就是狗狗的鼻頭是乾的，可是牠沒有任何其他症狀，一般來說狗狗鼻頭會乾，是出現發燒症狀、身體溫度上升導致濕潤的鼻頭越來越乾，但是那個案例沒有發燒，就這樣持續了半年，後來發病了，整個身體抽搐，結果是犬瘟熱，雖然是十幾年前的一個病例，但我的記憶很深，就是因為當時只看到牠的鼻頭很乾，然後有一點裂，可是沒有任何臨床症狀，體溫看起來也還可以，但半年後牠就發病了。所以正常的小狗，牠本身的鼻頭正常應該是稍微濕濕的，如果發現牠的鼻頭有點乾，就要帶到動物醫院做一些篩檢，檢查看看到底是不是隱藏著什麼疾病。

除了犬瘟熱之外，鼻頭乾也可能是寄生蟲感染的關係。有些飼主會定期投藥驅蟲，有些不會，不過要提醒爸媽們，狗狗畢竟跟人不一樣，因為人回到家，自己就會檢查一下身體，但狗狗一旦跑出去，回家只會窩在那邊睡覺。所以狗狗很容易把一些寄生蟲都帶回家，如果從戶外回來以後，仔細檢查，可能就會發現大大黑黑的壁蝨在牠身上到處爬，壁蝨是血液寄生蟲的傳染媒介，如果被壁蝨叮咬，不僅會造成狗狗不舒服，還會有經由壁蝨傳染的人畜共通疾病，例如萊姆病的疑慮。

如果爸媽們有在狗狗身上看到吸滿血液的母壁蝨，千萬不要把牠擠爆，因為牠的體內有卵，母壁蝨一次可以排卵 3000 顆左右，把壁蝨從狗狗身上抓出來之後，要用衛生紙包起來燒掉，千萬不要直接沖馬

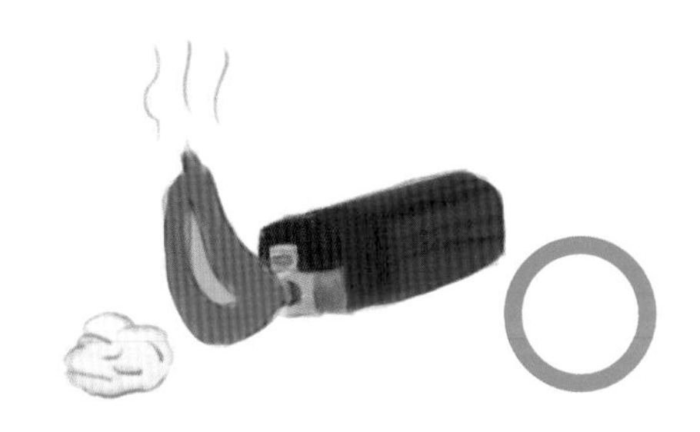

• 發現壁蝨時，最好用衛生紙包起後燒掉

桶，因為沖到馬桶牠也不會死。

除了傳染病這個原因之外，就像我們有時候會舔嘴唇，當狗狗鼻頭乾燥時，牠也會自己去舔，就會造成皸裂，當鼻頭出現乾燥或皸裂，有時候還有痂皮的產生等等，就需要檢查一下是不是有皮膚上的病變，皮膚病變一般來說跟自體免疫有關，所以我都會建議幫狗狗做一下自體免疫檢查。如果是自體免疫問題，治療上是以四環素（一種治療細菌感染的抗生素）跟類固醇為主，另外也會使用免疫抑制劑，來降低狗狗體內的免疫反應。

李醫師的小叮嚀

幫助牠快快痊癒的方法

狗狗鼻頭乾燥的問題，在治療上比較有困難，問題在於保養藥劑一塗到狗狗鼻頭上，牠就會馬上舔掉，所以如果要塗的話，可以塗一些狗狗可以食用的產品，來促進牠的傷口癒合，比如像是蘆薈，或是說加入二型膠原蛋白的乳油木果，它本身也是能夠抗發炎，不過最好的還是能幫狗狗做平常的保養。

鼻子發出惡臭、噴出乳酪樣液體？

| 可能原因 |

- 細菌感染
- 黴菌感染
- 鼻腔腫瘤（接觸型菜花）

| 檢查項目與治療方式 |

- 斷層掃描
- 分泌物採樣檢查

如果鼻腔出現惡臭，有腐爛的味道，還流出乳酪樣液體時，表示鼻腔裡面在發炎，組織開始在敗壞，那就要趕快帶去檢查，趕快進行治療。

有可能是細菌感染導致的鼻炎，或者是受到黴菌感染。這個時候就要檢查看看是不是鼻子發炎、異物感染或者是鼻腔腫瘤等等，可以透過斷層掃描來做確認。

如果是細菌性鼻炎，表面會形成肉芽組織，會從鼻腔噴出乳酪樣液體，其實本來是乾酪樣的東西在鼻腔裡面，它是細菌形成的團塊，那個團塊裡面有很多東西，包含細菌、組織、白血球、脫落的組織等等，必須進行採樣，再進一步做針對性的治療。

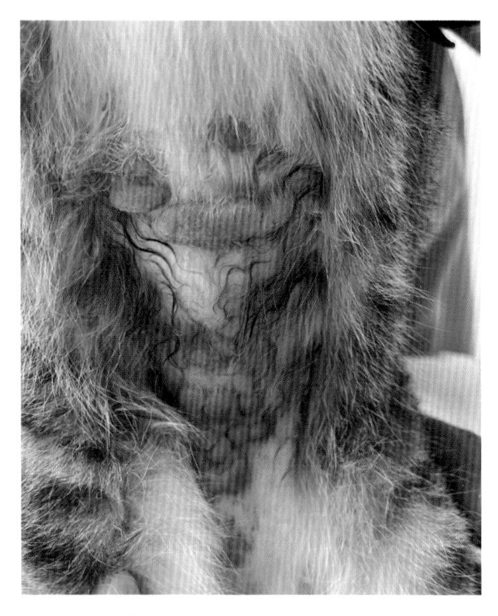

• 肉芽組織

如果是細菌感染，若是有黴菌感染，可用抗黴菌藥物治療。謝謝。因 黴菌不能用抗生素治療。會再針對裡面的分泌物檢查後，給予適當的抗生素。後續還會進行藥敏試驗，藥敏試驗可以協助醫師評估各種抗生素對這種黴菌的療效，再進一步選用適合的抗生素藥物，藥敏試驗包括使用貼片、做顯微鏡檢查、細菌培養這些項目，讓我們有更多的輔助證據來幫助診斷，這樣對治療進程上會更有幫助。

如果爸媽看到鼻腔的地方有腫脹，就表示腫瘤體積已經很大。這種現象以前叫做接觸型的菜花，屬於圓形細胞瘤，可分為良性和惡性的，容易發生在發情期，因為狗狗會互相去聞，所以也會在鼻腔發現，當牠有這種鼻腔腫脹的現象時，通常是腫瘤的機率比較高。

腫瘤的治療方式，經 X 光、細胞檢驗後，才開始進行治療。鼻腔內細胞可藉由鼻道灌洗來取得。不過洗鼻腔時，因為水會跟著流到呼吸道，所以一定要插管，上呼吸道要把它塞住，讓水能夠進去後再回沖，而不是直接沖下去。另外，洗鼻腔前也要先麻醉，像我們人可以直接灌水進去，但狗狗是要麻醉後再來回的用滅菌的生理食鹽水去做清洗。

在腫瘤的後續治療上，一般都需要四個療程，每次治療前都要做血檢，在打第二針之前，要檢查白血球的數字，如果數字掉到正常值，也就是 7000 以下，就不能再打針了，表示牠的免疫力已經下降，到時候很容易造成二次感染。

NOTE 獸醫師的看診筆記

剛開始有些爸媽可能會不明白為什麼檢查那麼貴？這是因為醫師希望能更完整的掌握對整個病症、狗狗身體的狀況，所以需要更多的輔助證據。身為一名醫師，絕對不會希望自己診斷病情的方式是用猜的，有時需要進一步檢查、看數據，也只是懷疑可能是什麼疾病而已，會先嘗試治療看看，不行再換另外一個治療方式。所以如果能有更多的輔助證據來幫助確診，對治療進程上會更有幫助。

另外一點是，檢查的費用很貴，這是許多飼主的心聲，不過那是為了能夠在疾病診斷上更加精準，也是必須的，希望爸爸媽媽了解這一點，並不是說獸醫沒良心、只想賺錢，並不是這樣，因為如果沒有診斷出來，以後會花更多的錢來彌補。

還有，一般在做手術前，醫師通常都會先進行估價，不放心的爸媽也可以多問幾家動物醫院的收費標準，一般絕大多數都會按照獸醫師公會的收費標準，當然如果有額外的情況，就要看那家動物醫院的收費方法了。

提供狗狗的分泌物照片，有助獸醫師瞭解病情

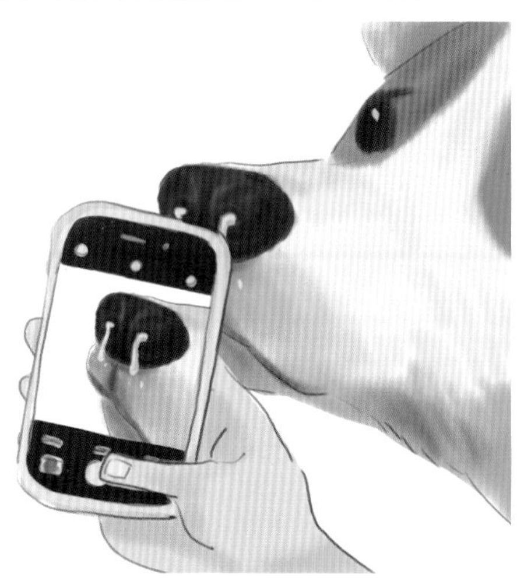

• 主人可以先收集分泌物或拍照，方便醫師診斷

⊙ 就醫前這樣做

　　鼻腔有乳酪樣液體流出的現象，通常都是屬於慢性的感染比較多，提醒爸媽帶毛孩來看診之前，可以先確認以下事項：症狀大概發生多久了？狗狗最近有沒有和其他狗狗接觸？另外，可以將流出的乳酪樣液體以衛生紙擦拭後收集起來，或直接用拍照方式記錄，就診時一併給醫師看。也提醒爸媽們，畢竟有些疾病是人畜共通的，處理完毛孩的分泌物後，一定要把雙手洗乾淨、酒精消毒，以免自己也受到感染。

鼻子流出的液體帶有血絲？

| 可能原因 |

- 水蛭寄生
- 腫瘤
- 自體免疫問題
- 不明原因

| 檢查項目與治療方式 |

- 細胞採樣檢查

如果發現流出來的液體有血絲的話，都要儘快帶來看診。看裡面是不是有腫瘤或是有水蛭，有水蛭通常是帶狗狗到野外活動時，水蛭跑進鼻腔了。

如果是腫瘤，一定做細胞採樣，來判斷它是屬於菜花？還是屬於上皮的細胞瘤，確認到底屬於哪一種腫瘤，因為針對不同腫瘤，應對方法就不太一樣。

如果是腫瘤，剛開始狗狗鼻子會流出水樣的液體、會打噴嚏，等到後面，慢慢的會發現臉部會凸出一塊，那有的是會往下長，並不會往上凸，當發現往上凸出時，就表示骨頭已經被侵蝕了，這時噴出來就不僅是血絲，還會伴隨類似小肉塊的東西，所以當出現血絲，表示裡面有一些東西在開始破裂，才會有一些血絲出來。

另一個是比較少見的是流鼻血，如果是小狗流鼻血，一般都是鼻黏膜的血管通透性增加所造成的流血，所以通常會直接在鼻腔打入微血管收縮劑，讓牠的血管收縮，不過效果來講都是有限。如果鼻血是一直流不停，那就表示血管有局部破裂，這時候就要趕快做止血，也就是頸動脈紮起來做止血動作，再做後續治療。這時也要檢查血小板的數量是不是在正常值，如果是自體免疫性的血小板凝集不全，就會造成有時打噴嚏太大力就會流血的情況。

所以，要帶到動物醫院診治，當有水蛭感染時，偶爾在鼻孔可以看到有一黑色長條蟲體出現，可用水加上燈光引誘出蟲體。如果引發原因是腫瘤，也需要帶到醫院診治，可能需要手術或化療。

| 犬腫瘤小知識 |

哪種狗狗較可能長腫瘤？	不分品種，7 歲以上，進入中老年的狗狗是腫瘤好發的族群，因為身體清除自由基的能力下降，細胞比較容易因內在、外在因素造成突變。
常見腫瘤類別	淋巴瘤、肥大細胞瘤、乳腺瘤、黑色素瘤、脂肪瘤
常見症狀	・身體有不正常腫塊且越來越大 ・食慾下降、體重變輕 ・常嘔吐 ・排便、排尿習慣改變 ・傷口潰瘍久久不癒 ・跛行、關節僵硬 ・身上任何開口出現血樣分泌物，例如口、鼻
罹癌狗狗的飲食照顧	・調整食物中的營養成分比例為： 罹癌狗狗一天攝取的營養中，蛋白質含量應佔 30~35%；脂肪含量應佔 25~40%；因為腫瘤細胞主要的養分來源是葡萄糖，也就是分解後的碳水化合物，所以狗狗攝取的碳水化合物量要降低，約佔 25% 以下。除此之外，如果狗狗因為身體不舒服而有 1~2 天沒有進食、喝水時，要儘速將狗狗送至醫院打點滴以補充營養。

NOTE 獸醫師的看診筆記

曾經有個病例，就是狗狗會一直不明原因的流鼻血，可是過一段時間就好了，但之後過了一段時間又開始流，這隻狗狗在住院的過程中，我們曾經試著用含鈣的噴霧劑，因為鈣離子可以增強牠的凝血，但是噴進去之後第二天又開始流，用內視鏡進去看，表面也都很平滑，也沒有看到任何的東西，就是一直在流鼻血，用任何藥物都沒有用，因為找不到原因，所以最後只好把頸動脈的左右分支紮起來，讓鼻子沒有再流血，才讓牠出院，所以流鼻血有很多種可能原因，也可能是找不到原因的。

嘴巴出現異常

嘴巴的問題包含了口水、吞嚥、疼痛、口臭和牙齒等問題。當狗狗的嘴巴（口腔）出現哪些異常，爸媽們就要特別注意了呢？

Q1 出現口臭
→ P.92

Q2 嘴巴稍微碰到就會痛→ P.95

Q3 流很多口水
→ P.97

Q4 牙齦腫大發紅、還流血了→ P.99

Q5 出現吞嚥困難
→ P.101

Q6 喉頭發出異常聲音→ P.102

Q7 持續嘔吐
→ P.104

出現口臭？

可能原因

- 胃部食物未消化完全
- 牙結石
- 牙齒廔管

檢查項目與治療方式

- 口腔檢查
- 顏面外觀檢查

狗狗如果出現口臭，來源有兩個，一是從口腔出來，一是從胃部出來。

如果胃裡面東西沒有消化完全，一打嗝，味道就會從裡面跑出來，不過如果在口腔這個部分能夠把它消除掉，味道就會減少很多。

如果是從口腔裡面出來的氣味，大多是因為有牙結石，有牙結石的狗狗，嘴巴裡面的味道其實就跟臭水溝的水沒兩樣。

• 狗狗的口臭問題 9 成以上原因來自牙齒

為什麼會有牙結石？最主要是因為狗狗在吃飯時，牠的唾液分泌量減少，就沒有辦法好好咀嚼，比如像我們人類會咀嚼幾十下再吞下去，最主要是讓唾液跟食物能夠充分混合，可是對狗狗來說，吃東西幾乎都是用吞的，所以牠的唾液分泌量很少，就會讓牙齒裡的細菌有增生的機會，一開始會先形成牙菌斑，接著裡面的一些結晶物或結石物這些菌塊就會開始慢慢累積，就跟蚌殼在養珍珠一樣，慢慢的一層一層的形成，之後就變成牙結石。

一旦形成牙結石，就會壓縮到齒齦，造成齒齦上的疼痛，這時候牠就會變得不愛吃東西，或硬的東西牠也不會去咬，喜歡咬軟的，這也是牠的臨床症狀，再配合口臭的出現，如果爸媽發現到有這些現象，就要帶狗狗去洗牙。

如果持續惡化

如果持續忽略牙結石，細菌就會順著牙根，讓牙根產生破洞，就會形成廔管，最終就要拔牙。

一般大概有 90% 以上的口臭問題都是出自於牙齒，洗牙之後，它的味道大部分都能排除掉。不過，如果洗牙後味道還在，就要看是不是鼻腔或是牙齒的地方形成廔管，因為牙齒形成廔管，一個是連到顏面部，另外第一、第二前臼齒會通過鼻腔，所以也要去做修補。以上在做斷層掃描時，都可以看得很清楚。

牙齒如果形成廔管，另外一個臨床症狀是有打噴嚏的現象，而且伴隨噴嚏出來不是膿汁，而是飯粒，或食物的渣滓，所以有這種現象，就表示牠的口腔跟鼻腔是相通的，但正常來講，鼻腔跟口腔不會相通，如果出現相通，就要把牙齒拔掉再做縫補把洞給補起來。

唾液不足＋細菌增生
形成牙菌斑
形成牙結石
結石擠壓到齒齦、牙根破洞
拔牙

• 生成牙結石的過程

多咬潔牙骨促進唾液分泌

⊙ 讓牠快快痊癒的方法

已經有牙結石、而且齒齦開始有在萎縮的狗狗，就要帶牠去洗牙，通常是以超音波洗牙，不過不管哪一種洗牙方式都會破壞到牙齒的琺瑯質，有些爸媽可能會選擇做拋光，可是我認為最好的方法，還是平常吃完飯後，不管有沒有刷牙，一定要讓牠多喝水，其次，就是定時給牠吃潔牙骨，讓牠能夠多多分泌唾液，這就是最好的預防牙結石的方法。

除此之外，狗狗洗完牙後，可以給牠一些保健品，比如像是博樂丹，它裡面含有天然褐藻，就能降低口臭、減少牙菌斑以及牙結石形成的機率，可以添加在牠的食物裡，一般我都會建議爸媽們這樣做。

NOTE 獸醫師的看診筆記

以前的狗狗其實很少看到那麼多的疾病，也很少在洗牙，可是牠們的牙齒都很漂亮，那是因為牠就是很自由自在的生活，只要有一根骨頭，就可以安靜的坐在那邊啃一個下午。現在的狗狗啃潔牙骨，是當成玩具在咬，而且大部分都是吃飼料，成分幾乎都是澱粉類，所以咬完之後會卡在牙縫裡面，加上牠也不會剔牙，所以就會慢慢的累積，引起細菌滋生就會產生牙結石，會把牙齒整個包起來，裡面就會很臭，有時候還會流血，咬合時牙齒還會產生鬆動，有時候牙齒就會自己掉下來，變得很麻煩。

除此之外，其實貓咪的牙齒問題比狗狗的問題還要多，因為貓本身有自體免疫嗜酸球性的齒齦炎，牠會一直很疼痛，所以除了拔牙，就是給牠吃類固醇，當有吃類固醇時，口水量就會減少，就容易造成牙結石。不過，貓雖然也有牙結石，可是很少洗完牙後還出現口臭，通常情況都會好轉。

• 一般飼料容易卡在牙縫、滋生細菌，讓狗狗飯後多喝水有助預防牙結石

嘴巴稍微碰到就會痛？

可能原因

- 外傷造成
- 口腔受到感染
- 咬合不正
- 顏面神經受損
- 甲狀腺功能低下

檢查項目與治療方式

- 外觀視診
- 神經學檢查

可能口腔裡面有一些傷口，或是嘴巴外面有外傷，或者裡面受到感染，造成牠嘴皮上的疼痛。例如說吃東西時卡在嘴皮裡面或牙齦裡，就會不讓人去碰。以前看過的病例，最常見的是烤肉的牙籤，狗狗不小心就卡進去了，卡住之後牠就會一直在那邊流口水，嘴巴闔不起來。所以當發現狗狗嘴巴稍微碰到就有疼痛現象時，要趕快帶去給獸醫看。

咬合不正或是下巴脫臼也是原因之一。下巴脫臼時，除了疼痛外，牠的嘴巴會打不開，造成的原因有時是外傷，有時候是骨折，如果是正常的咬合狀態，嘴巴是會整個閉起來，如果沒辦法閉起來，就表示裡面有異物或裡面有受傷，就會造成嘴巴周邊的疼痛。

如果是狗狗的嘴皮開始有在下垂，肯定是顏面神經受損，有時會伴隨著歪頭，這就可能是甲狀腺功能低下所造成。

無論是外傷或神經、內分泌問題造成的嘴巴疼痛問題，治療時都會先幫狗狗注射鎮靜劑，甚至於要打麻醉，才能做口腔檢查。因為對於小狗來講，嘴巴是牠的一個武器，所以在看診的過程中，為了預防醫護人員、主人被咬，都會先做麻醉，再進行嘴巴的檢查，這是看診時的必要處置，這部分要跟爸媽們先說明一下。

讓神經系統更健康的營養補充品可以選擇具有穩定情緒、抑制「神經傳導物質分解酵素」的活性，讓「神經傳導物質」不被分解，並且有效被運用的「野生綠燕麥」。經過臨床實證，「野生綠燕麥」的成分，不僅能提高「副交感」神經運作，同時還能改善腦部退化等等症狀。除此之外，還有助於保持健康的記憶力、增進神經系統的健康、增強體力與滋補強身、促進代謝，提升專注力讓毛小孩的生活更健康。

狗狗嘴巴異常的主要表現

• 口臭

• 口水過多

• 嘴皮下垂

一張表格瞭解甲狀腺功能低下

甲狀腺的位置	甲狀腺位於狗狗頸部的氣管兩側，左右各一葉，會分泌「甲狀腺素」，掌管狗狗身體的新陳代謝。而甲狀腺低下就是指「甲狀腺素分泌不足」的情況。
好發的犬種	好發於 2~6 歲的大型犬。品種方面，黃金獵犬、杜賓犬、迷你雪納瑞、臘腸犬較容易出現此疾病。
症狀	嗜睡、因代謝變差而發胖、不愛動、四肢冰冷
治療	一般透過口服藥物治療，搭配定期回診追蹤

有時給予狗狗鎮靜或麻醉是必要措施

⊙ 讓牠快快痊癒的方法

開始看診的時候，我們會先觀察狗狗的症狀是如何？如果有需要鎮靜劑或麻醉時，醫師也會事先跟爸媽講清楚，後續需要做的動作是什麼。

雖然任何的麻醉來講的話都會有風險，但問題是狗狗已經不舒服了，然後硬要去做檢查，就會造成狗狗的本能抗拒，抗拒時就會掙扎、會暴動，然後亂跳亂咬，完全不配合。這時候，會注射輕微的鎮靜劑，如果說牠有疼痛的話，我們會建議爸媽就是直接麻醉、直接看，檢查的過程中如果有稍微有一點牙結石就順便洗牙，全程只要麻醉一次就好。

• 當狗狗疼痛時，看診時進行麻醉會是比較安全的作法

流很多口水？

可能原因

- 口腔發炎
- 神經問題
- 口腔閉合不完全
- 手術後
- 中毒

檢查項目與治療方式

- 口腔檢查
- 咬合檢查
- 顏面對稱檢查

口水有過多還有過少的問題，口水太少就容易形成口腔的疾病，比如說牙結石；如果是口水太多，也就是流涎過度，流出來的口水要看它的狀態是屬於哪一種，是黏稠的還是清澈的？

如果說是黏稠，表示它在口腔裡面會有一些反應，比如說發炎、細菌感染而產生比較黏稠的情況。

口水比較清澈的，這種大多屬於神經症狀的機率比較高，也就是神經方面出現異常，經常看到狀況就是狗狗神情呆滯的在原地，然後流著絲狀的口水，牠沒有辦法去調控唾液，一直流出來，或者牠在有意識的情況下，可是嘴巴沒辦法閉合時，導致口水無法往後吞、整個就流出來，也會有這種現象。

除此之外，手術後，還有中毒，也會有流涎過度的情況。

以前在手術前，我們為了預防流涎過度而造成氣道阻塞，會幫牠打針讓牠的唾液減少。不過現在因為有插管，所以就比較少打，因為打針會讓狗狗的心跳速率變得比較快。

中毒的話，比如有機磷的中毒也會造成牠過度流涎，早期用來洗壁蝨的藥劑，有一個叫做「牛壁逃」，雖然藥效快但毒性極強，其中所含的有機磷會引起急性中毒或神經病變而造成大量流涎現象，甚

• 狗狗口水過多屬於異常現象

至呼吸困難、瞳孔縮小、抽筋，有些殺蟲劑成分也包含有機磷，如果狗狗誤舔，就會引發中毒，要特別注意。

現在中毒的狀況一般來說，家裡面的家犬比較少見，反而是在外面放養的機率會比較多。另外，如果是食物中毒，通常都是嘔吐或者是拉肚子，甚至是出現乾嘔，症狀上還是有差別。

如果爸媽有發現到牠眼神已經開始呆滯了，或者是呆呆的站在那裡流口水，或者最近有誤吃到一些洗劑，就要趕快帶到動物醫院，不要再自己處理了。就醫前，回想一下狗狗最近吃了什麼？發生時間有多久？看診時一定要跟醫生講，如果沒有講，到時候診斷上發生問題就不好了。

讓神經系統更健康的營養補充品

紅景天在李時珍《本草綱目》草部第二十卷記載，它的功效是扶正固本。也就是扶助正氣，鞏固根本，預防疾病，強身健體。以今日醫學語言來說，它具有人體自身的激活能力。平常人最常用它來預防高山症，因為它可以增加血液中的帶氧量，尤其是腦部帶氧量。另外，PS（磷脂醯絲胺酸，又稱腦磷脂）是腦神經細胞膜的重要成分，是腦部保養很重要的營養素。它已被證實可以幫助思慮清晰，並增加學習能力。據研究指出，PS 透過以下機制強化腦部功能：增加腦細胞膜流動性、腦細胞葡萄糖代謝能力，以及神經傳導物質乙醯膽鹼的釋放，進而改善記憶力。

而在歐洲，「野生綠燕麥」是穩定神經系統很好的營養補充品。它具有穩定情緒、抑制「神經傳導物質分解酵素」的活性，讓「神經傳導物質」不被分解，並且有效被運用。經過臨床實證，「野生綠燕麥」的成分，不僅能提高「副交感」神經運作，同時還能改善腦部退化等等症狀。因此，以上三營養素的協同作用，有助於增加腦部帶氧量、改善記憶力、增進神經系統的穩定，以及提升專注力，讓毛小孩的生活更健康。

牙齦發紅腫大、還流血了？

可能原因

- 細菌感染
- 長了腫瘤

檢查項目與治療方式

- 視診
- 切片顯微鏡

所謂的齒齦，就是跟牙齒交界面的地方。如果是齒齦發炎，它會變紅，當家長注意到狗狗的齒齦開始變紅色的時候，就要趕快帶去給獸醫師看，不要再去幫牠刷牙，因為這時候牠的齒齦一定是碰到會痛的，如果再去刷牙，牠越疼痛，會越抗拒。

如果是齒齦出現腫脹，比如齒齦裡面藏了一個小膿包、小水泡，一擠壓就會有東西跑出來，那就表示那個地方開始有細菌的感染，就要帶狗狗到動物醫院看診。我們會去區別它是屬於齒齦受到感染的腫脹，還是說它裡面長了不好的東西所造成的腫脹，比如說纖維素瘤、上皮細胞瘤，或者說是黑色素細胞瘤，那個地方破掉後，都會造成它的出血。

• 狗狗的牙齦長出黑色素細胞瘤

有時候是在幫狗狗洗牙的時候，可以看到突然突起一塊，然後去切割看看，結果意外發現腫瘤，有時候都是意外發現的。

如果是腫瘤，一般來講，都是用電燒的方式燒掉。如果說是一個惡性腫瘤，牽扯的範圍比較大，就要切除部分的牙齒，切除之後、把肉縫起來，就會少一塊，後續可能會有後遺症，比如說舌頭可能會掉出來。狗狗吃東西是靠舌頭捲進去，手術後舌頭把食物捲進去以後，可能還是會掉出來，所以我們為了預防發生這種情況，就會把嘴皮縫小一點，讓牠的舌頭能夠順利把食物捲進去。另外一些後遺症就是牠嘴巴沒辦法打開到跟以前一樣大，也沒辦法打哈欠，食物完全只能用吞的，也只能吃比較軟的東西，會蠻可憐的。平常刷牙的時候，如果說刷牙的姿勢不良，也會造成狗狗齒齦上的傷害，雖然可能狗狗的癒合能力很快，但我們講說組織在持續受傷的時候，不斷增生、受傷、增生、受傷、增生，到最後會讓細胞原本的性質改變，產生癌化的前兆、形成腫瘤，就比較不好。所以狗狗齒齦腫脹的時候，不要去過度的刺激，就像是我們在吃檳榔，檳榔常常會刺激我們的齒齦的部分，刺激久了以後，那個地方就會開始形成一些的肉芽組織，那就是癌症的前兆。

薑黃能抑制某些致癌物引發的細胞癌化

薑黃除了能減少因自由基所引起的基因突變，同時也能抑制某些的致癌物所引發的細胞癌化，所以具有不錯的防癌效果。另一方面，因為能夠抑制腫瘤的生長因子，所以可以抑制癌細胞增生。同時薑黃對於癌症轉移上，也有很好的的抑制效果。在臨床上，我們看到薑黃對於狗狗的肝腫瘤有顯著縮小的效果。

薑黃的好壞主要在看它薑黃素的多寡，薑黃素具有很高的保健價值。薑黃不只用在癌症治療上，在預防心臟血管疾病、預防糖尿病、治療腸胃疾病、降低膽固醇等都有明顯功效。因此適當的幫毛孩補充薑黃，可以抗氧化、抗發炎、增加免疫力。對於維持狗狗好精神，促進新陳代謝，緩解壓力及老化等，都有不錯的效果。

出現吞嚥困難？

可能原因

- 喉頭偏癱
- 喉頭狹窄
- 腫瘤
- 瘻管
- 喉頭水腫

檢查項目與治療方式

- 刺激喉頭是否有吞嚥困難

吞嚥困難有幾個原因，一個來講，是狗狗有喉頭的偏癱或者全癱的情況，讓牠沒辦法吞嚥。

另外就是喉頭狹窄或有腫瘤的情況，不只吞嚥困難，也會造成呼吸上的異常，如果是腫瘤，治療方式是切除治療，如果說能夠切除的話，要先裝食道胃管，把狗狗的營養狀況先照顧起來，再看看牠呼吸有沒有順暢？如果說呼吸不順暢，那順便就要做氣切。

另外是瘻管的情形，判斷標準是牠吃完飯後，會不會有食物的殘渣從鼻腔噴出來。

再來就是狗狗有沒有喉頭的水腫，比如說法國鬥牛犬因為軟顎過長，進行切除手術之後，可能會造成牠喉頭水腫，也會造成牠吞嚥困難。

還有一個是反射神經受損，原本食物進入喉頭，會出現像推拉式的一個自主反射的反應，但牠沒辦法自主吞下去，食物全部卡在喉頭這個地方，所以說也有可能是反射神經的受損。

再來就是異物阻塞。

如果是喉頭偏癱，有可能是神經受損，治療的方式是進行手術。而喉頭狹窄有可能是喉頭受傷，會由內科治療。如果是腫瘤，通常引發的原因都不明，多以手術切除來進行。瘻管則多半是因為尖銳物穿刺，所以會透過內視鏡檢查來移除異物。若喉頭出現水腫，大多因為過敏或受傷，在治療上，由內科進行治療。

喉頭發出異常聲音？

｜可能原因｜

- 術後喉頭水腫
- 單純水腫，如食物過敏引起
- 喉部長腫瘤
- 軟顎過長
- 喉頭偏癱、喉頭麻痺

｜檢查項目與治療方式｜

- 觸診
- X 光檢查
- 內視鏡檢查

如果狗狗喉頭發出異常的聲音，比如說像豬叫的聲音，這跟牙齒沒有關係，一般來講都是喉頭狹窄造成的，狹窄的原因就很多了，比如說有經過手術，然後手術後造成喉頭水腫，就會造成喉頭狹窄；如果沒有經過手術，屬於單純的水腫，就是喉頭裡面發炎，可能是狗狗吃了什麼造成過敏、發炎、腫脹，腫脹以後，呼吸就會產生異常。

另外，喉頭水腫也可能是長了不好的東西，也就是腫瘤，然後造成喉頭阻塞，再進一步影響狗狗發出異音。就像風吹過去，如果沒有受阻，應該是沒有什麼聲音的，可是如果是高低不平的地方，風吹過去就會出現咻咻咻的聲音，所以當你的氣道正常，有氣流通過，是沒有聲音的，但是當中間出現障礙物的時候，就會出現聲音。

還有一個喉頭狹窄的原因，比如說軟顎過長，就可以做手術切除一部分的軟顎；然後就是喉頭偏癱、喉頭麻痺的問題，也要用手術治療，表示這個地方的神經可能受損了，就會影響到牠的聲門，產生異音。

一般來講，如果有呼吸異常，在吞嚥上也會產生問題。如果腫脹是過敏反應，那吃藥就 OK，如果不是一個過敏反應，例如是一個腫瘤，就要想辦法看腫瘤長在哪裡，可不可以切除，有些地方不能切。不像人類的喉頭比較大，所以可以用比較精細的東西去切，如果狗狗長腫瘤的地方不能切除，只能幫牠裝食道胃管或是其他的導管，再觀察牠吃東西的狀況。

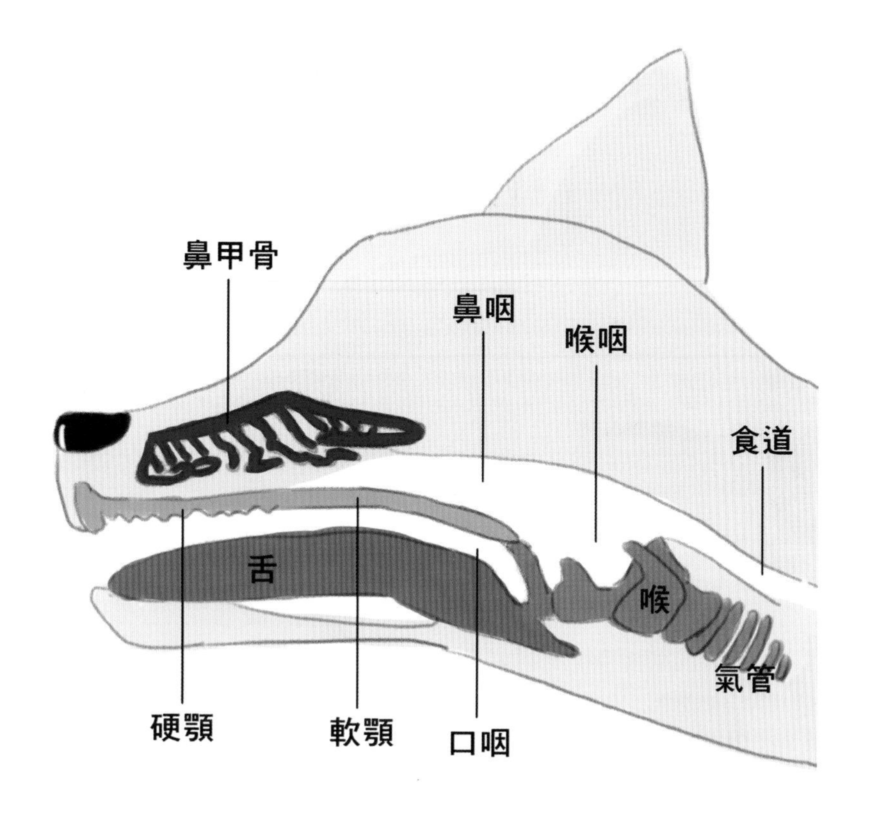

• 狗狗喉部結構圖

NOTE 獸醫師的看診筆記

有些爸媽會問，那狗狗有食道癌嗎？很少見，比較常見的就是說像食道擴張，一般我們吃東西進去，食道是蠕動的，那食道擴張就是食道不會蠕動，就停在那邊，卡住了，然後過一段時間牠會把食物又吐出來。我們上次有個病例是裝胃導管，從胃部裝、從皮膚穿出，然後直接從管子餵，人如果動口腔手術，也是這樣的。

持續嘔吐？

可能原因

- 吃過量

- 吃到無法消化或咀嚼的食物

- 過度飢餓

- 吃太快

檢查項目與治療方式

- 病史
- 檢查嘔吐物
- X 光檢查

嘔吐一般來講，都是屬於上消化道的問題。就是你食物吃了，沒有去咀嚼，或是吃太多，吃到刺激到牠喉頭的食物量，就會整個吐出來。

狗跟貓都是很常嘔吐的動物。有時候食物牠吃進去以後，牠覺得牠的胃不好消化，或者說牠沒辦法咀嚼的時候，就會從裡面吐出來，然後吐出來以後，狗狗有時候會再把它吞下去，也因為狗在這個嘔吐的過程中，有這種習性，所以說就比較容易造成吸入性肺炎，吸入性肺炎就是當你嘔出去，然後又把它吸到裡面去，就會變成卡在氣管這個地方，又再次刺激到喉頭，就跟我們人在催吐、乾嘔一樣，又再次吐出來。

如果持續嘔吐或是長期嘔吐，都不太 OK，會造成牠的食道灼傷，因為胃酸跑到食道了。

吸入性肺炎只能對症給上生素，預後不佳。而食道灼傷會給予黏膜保護劑。若是嘔吐時間或頻率過多，比如一天 2 ～ 3 次，或是發生二天以上，就要趕快帶牠就醫。

拍下狗狗吐出來的內容物、顏色，有助獸醫師診斷

⊙ 就醫前這樣做

看吐出來的內容物、顏色，它是消化過的食物，還是沒有消化過的食物，還是泡泡，還是黃色的液體？如果說他是吐白色的泡泡，那就是表示他是從胃部裡面吐出來的。如果說牠是吐未消化的食物，表示牠沒有辦法消化那個食物，或者說吃太快，胃一下子進去太多食物，也會嘔吐。

另外就是吐的時間點，如果說都是早上嘔吐，那可能就是飢餓造成的嘔吐。帶狗狗看診時，可以提供醫師這些資訊，就能協助醫師做出更精確的診斷。

皮膚出現異常

搔癢、發炎、發紅、掉毛，可以說是狗狗皮膚最常出現的異常情形，皮膚也是爸媽們最容易發現到異常的部位。

皮膚異常狗狗的基礎照顧知識→ P.00

Q1 時常搔癢 → P.00

Q2 皮膚摸起來有油膩感、身上有很多小紅點→ P.00

Q3 少量掉毛 → P.00

Q4 毛髮越來越稀疏 → P.00

皮膚異常狗狗的基礎照顧知識

由於皮膚的問題相當多，在我們的獸醫領域裡面算一個科別，在這個部分我們特別用幾頁的篇幅說明，如果發現狗狗皮膚出現哪些問題就需要就診，以及介紹容易引起皮膚異常的「庫欣氏症」。

｜皮膚異常的訊號｜

皮膚可以說是爸媽們最容易發現到異常的一個部位，皮膚異常的第一個訊號，就是出現搔癢、紅斑、脫毛。最常見的就是脫毛，如果說那些剛剛講的那些上述的症狀，如果爸媽沒有注意到的話，至少會注意到脫毛，會發現毛怎麼會變少。

脫毛是指突然間掉一堆的毛，為什麼叫做毛小孩，就是因為牠全身都是毛，有時候帶出去跟別的狗在玩，會因為毛還在，所以會比較驕傲，但如果說變得光禿禿的，牠自己也會覺得沒面子，脫毛和剃毛是不一樣的喔。

甚至，當牠皮膚出現一些膿樣物，或是一些皮屑、皮膚變黑、皮膚變薄、皮膚變得比較粗糙，或是摸起來有點油膩感，這些都表示牠的皮膚出了一些問題，以上情況，都要帶牠到動物醫院來看診。

｜皮膚出現問題的原因｜

有可能是內分泌，也有可能是黴菌，也有可能是因為營養上、皮脂腺調控上的問題，造成我們所看到的在皮膚上的一些症狀，包含紅腫、發癢、出現傷口等，這些訊號都是告訴我們說，牠應該就是生病。

另外，比如皮膚裡面有黑斑、黑塊，或是有不明團塊，也會造成皮膚表面的異常。比如說像一些皮下的脂肪瘤，或是一些神經膠母細胞瘤、乳房部位的乳癌等等，都屬於皮膚病的一部分。至於要做什麼檢查，還是得趕快帶去動物醫院確認。

狗狗皮膚異常最常見的三個症狀

• 搔癢

• 紅斑

• 脫毛

避免把人用的藥膏塗抹在狗狗身上

⊙ 就醫前這樣做

另外要提醒爸媽，當你看到毛孩身上的皮膚異常，或者有外傷之類的，建議最好不要用人用的藥膏，因為有可能會造成牠的皮膚變薄，或者造成醫源性庫欣氏症，或者說如果藥膏沒有吸收乾淨，牠會一直舔，造成牠的傷口會一直好不了，加上有時候如果不是單純的一些皮膚外傷，可能是因為傷口部位已經開始癌化，才導致傷口癒合不良，就更不應該用人用的藥膏來塗在毛小孩的皮膚上。

⊙ 幫助牠快快痊癒的方法

• 約一個月洗一次澡就好，避免皮膚再次受傷

• 常幫牠梳毛

• 按時回診，按照醫師處方用藥

• 補充營養，例如含有不飽和脂肪酸的營養品和處方飼料

狗狗日常皮膚保養小祕訣

我們的建議是要常幫牠梳毛，因為在梳毛的過程中，就可以知道牠皮膚上有哪些異常，一天梳 2 次到 3 次，如果在梳毛過程中牠有一些抗拒，就要趕快帶到醫院做檢查，梳毛也是平常護理上應該要做的。另外，不一定要常洗澡，因為洗澡對於狗狗皮膚會有一定的損傷。

認識庫欣氏症

庫欣氏症是狗狗常見的其中一種內分泌病症，可以再分成「原發性」跟「醫源性」兩種，其中「原發性」又分為「腦下垂體依賴型」和「腎上腺腫瘤型」；「醫源性的庫欣氏症」則是狗狗長期服用或注射類固醇藥物導致的，所以才會提醒爸媽們不要擅自幫狗狗塗沒有經過獸醫確認的藥膏。

庫欣氏症的症狀，包含牠會吃多、喝多，所以尿也多，也可能出現大量掉毛，而且有一個特色是身體兩側會有對稱性的掉毛。另外，很容易觀察到的就是腹部會變大、下垂，但身體其他地方沒長胖，以及後肢會萎縮、無力等等。這些不太會一次全部出現，可能先出現一種，慢慢地又出現另一種症狀。

有庫欣氏症的狗狗，也可能出現其他併發症，比如副甲狀腺素亢進、甲狀腺功能低下、高血壓、糖尿病。

在治療上，庫欣氏症主要靠藥物治療，請爸媽一定要固定回診、追蹤，雖然剛開始治療，「吃多、喝多、尿多」的狀況會改善，但是牠的毛髮和皮膚狀況要改善需要比較長、甚至幾個月的時間，因此要有耐心。

庫欣氏症好發犬種：

雖然各種品種、年齡的狗狗都可能罹患庫欣氏症，不過中小型犬，例如貴賓犬、臘腸犬、拳獅犬等等小型犬種，特別容易罹患「腦下垂體依賴型」的庫欣氏症。

庫欣氏症常見症狀

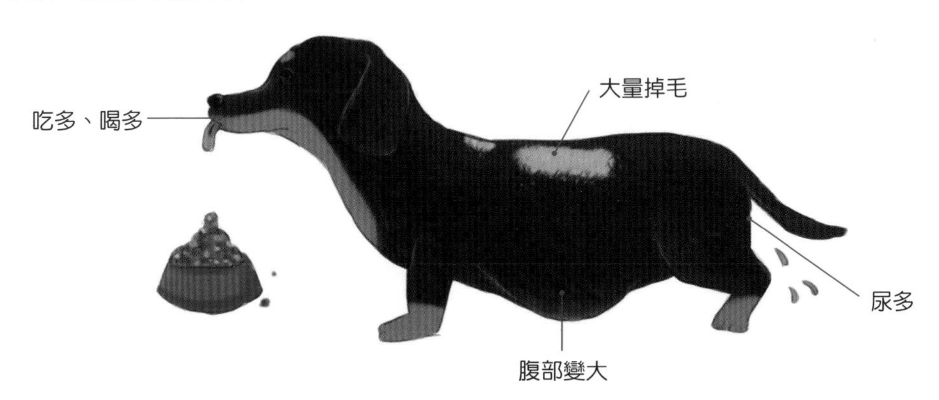

時常搔癢？

可能原因

- 異位性皮膚炎
- 濕疹
- 其他細菌性皮膚炎
- 趾間炎

檢查項目與治療方式

- 顯微鏡檢查
- 皮膚檢查
- 血液學檢查

會出現搔癢的情況很多，有些是習慣性的搔癢，一天搔抓幾次，也沒有固定的部位，只是牠的一個習慣。不過如果搔癢頻率持續增加的話，那就可能是有問題的，例如有可能是異位性皮膚炎，再加上若皮膚上有腫脹的情況，就一定是異常的。

比如，狗狗抓腋下的頻率增加，這時候就要到醫院檢查看看是不是有濕疹，或是說有一些細菌性的皮膚炎，這時候就要做局部的刷洗，或是到醫院檢查患部是不是有發紅，或者有膿樣的分泌物，或者說有一些黑色素的沉澱，這些都表示牠的皮膚產生異常了。

除了抓以外，狗狗也常會用嘴巴去舔傷口，牠能夠舔到的部位就是身體後半部或腳掌。剛開始可能是感到無聊，因為主人都出門了，自己待在家裡就開始舔腳掌，這是正常現象，但如果後來繼續反覆的舔，頻率也越來越高，指間開始變紅，舔出味道來了，就變成了趾間炎，因為指尖被毛覆蓋，加上口水在上面，透氣又差，就容易發炎，而且主人通常也很少會去觀察牠的趾間，就會助長趾間炎的發生。

正常的搔癢	異常的搔癢
沒有固定搔抓的部位，頻率也固定	搔抓頻率增加，以及皮膚出現以下任一種情況：腫脹、發紅、膿樣分泌物、黑色素沉澱、出現異味

• 狗狗罹患趾間炎需靠藥物治療

皮膚摸起來有油膩感、身上有很多小紅點？

| 可能原因 |

- 異位性皮膚炎
- 過敏性皮膚炎

狗狗的皮膚摸起來油油的，搓一搓會有油膩感，而且牠搔癢的位置不固定時，可能就是罹患異位性皮膚炎。

異位性皮膚炎的好發部位

異位性皮膚炎是一種遺傳疾病，表示狗狗的某種遺傳傾向對於環境中的過敏原出現過敏反應，爸媽第一次發現狗狗出現過敏反應，大概會落在 1~3 歲，也有年紀再大一點才發生的。另外，如果狗狗的過敏原是食物，可能一吃到就出現症狀，也可能過一段時間才有反應，不太一定。

• 腳部、腹側、會陰部肛門口附近、眼睛和嘴巴周圍

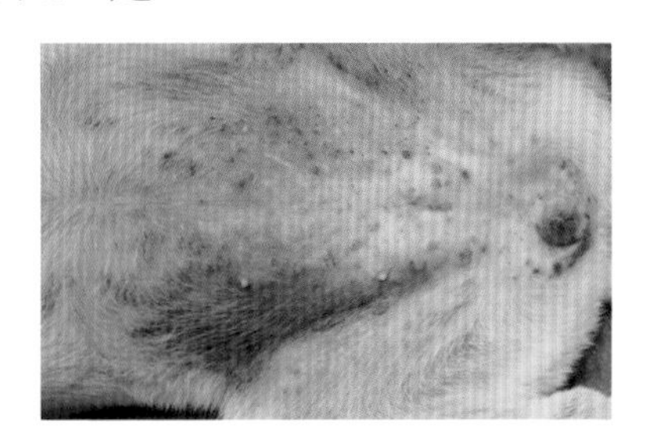

• 罹患異位性皮膚炎的狗狗身上會出現許多小紅點

過敏性皮膚炎常見過敏原

外在——環境	花粉、灰塵、塵蟎、殺蟲劑
內在——食物	85%：過敏原是動物性蛋白質 15%：其他食材
其他	毛髮濃密的狗狗因為容易蓄積水氣，毛髮容易成為細菌的溫床，引發皮膚病

檢查項目與治療方式

- 病史及過敏源檢查
- 皮膚及生化檢查

皮膚出現過敏反應，表示狗狗體內的免疫反應過高，治療上，可能使用類固醇，或是一些其他的免疫抑制劑，先讓牠整個免疫反應下降。如果是環境引發異位性皮膚炎的狗狗，會配合一些抗氧化的藥物，如果可以移除環境中的過敏原，狗狗的皮膚問題就會大幅改善。

如果是食物引發的異位性皮膚炎，可以進行過敏原檢測，這需要額外付費。建議爸媽們先持續 2~3 個月只提供狗狗水和處方飼料，排除會容易引起過敏反應的食物，一定要避免給牠其他的食物。

此外，建議購買小包裝的低敏飼料，用低敏的洗劑幫狗狗洗澡。在刷洗皮膚的過程中，狗狗會感到不舒服，因為還是會癢，所以還是要搭配內服的口服藥，加上飼料，要全方面去配合治療。因為異位性皮膚炎不是單一的原因所造成，療程可能需要比較長的時間，爸媽們要先要有這個認知。

也有用中醫治療異位性皮膚炎的方式，但如果狗狗對中藥的服從度不夠，例如藥物會有苦味，那狗狗不接受就沒辦法。

和異位性皮膚炎很像的「皮脂漏」

皮脂漏是因為皮脂腺分泌異常所引起，又分為兩類，一類是乾性的，一類是濕性的，乾性皮脂漏會出現皮屑；濕性皮脂漏的皮膚摸起來會有點黏黏的，這兩個都是皮脂腺所產生的異常，一般來說就是細菌刺激皮膚所造成皮脂腺分泌上的異常。

皮脂腺分泌上的異常，通常是本身的代謝，皮脂的調控出現問題，有時會跟甲狀腺功能低下有關係。所以也會建議做一下甲狀腺素的高低檢測，那如果牠一直在搔癢，這時可以再去檢查是不是有異位性皮膚炎，可以做 IgE 的檢測，檢測都需要額外付費，價格一般來說都是固定的。

治療皮脂漏的方式，建議是用沐浴乳幫狗狗搓洗身體，讓牠的皮膚能夠維持正常，除了在洗劑以外，還需要搭配一些藥膏或是口服藥物，來緩解狀況。

預防異位性皮膚炎的方法

選擇小包裝飼料，避免儲放過久而變質

- 飼料最好一次只買兩個禮拜能吃完的量，酸敗的飼料會影響狗狗體內脂質調控，進一步引發皮膚疾病

保持良好空氣品質

- 建議家中使用空氣清淨機，減少環境中的過敏原

溫水洗澡

- 用 30~35℃的溫水幫狗狗洗澡，因為過熱的水會讓狗狗皮膚發癢

避免使用化學清潔劑

- 含有化學成分，很可能就是引發狗狗過敏反應的來源

定期清洗狗狗用品

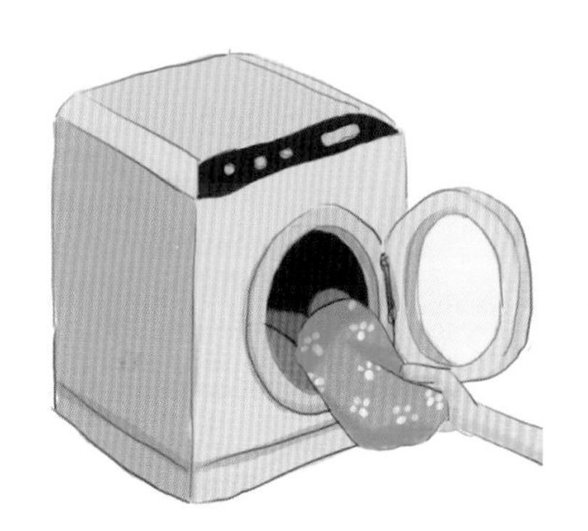

- 像是狗狗的床墊、玩具、牽繩、衣服、餐具等，要常保乾淨

定期驅蟲

- 建議每月投藥一次，避免狗狗被寄生蟲入侵同時引起皮膚問題

NOTE 獸醫師的看診筆記

你的狗狗食物過敏了嗎？

當狗狗對吃下去的東西裡面的某種成分，被身體的免疫系統誤以為是有害的物質，就去攻擊，有些體質比較敏感的狗狗就會產生過敏反應。比較常見的食物過敏原就是動物性蛋白質，比如牛肉、雞肉、乳製品。

常見的食物過敏原

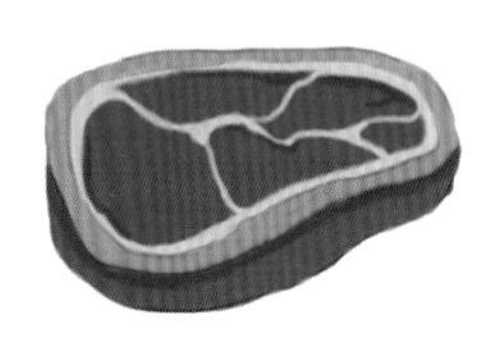

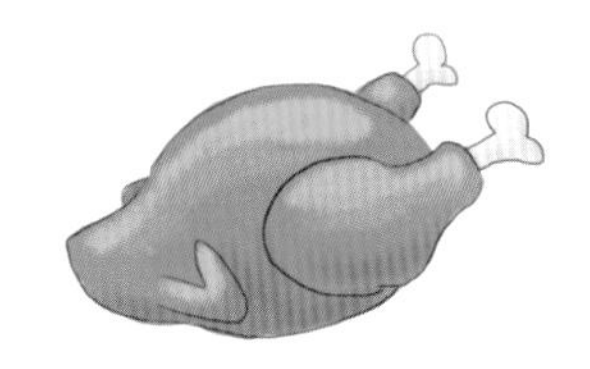

食物過敏不分狗狗年齡、也不分季節，有些狗狗第一次吃到某種食物就過敏，也有吃到累積到一定的攝取量才會出現過敏反應的。

常見的過敏反應比如說皮膚會紅腫、發炎，因為狗狗會去抓、去舔，就互相影響，嚴重的時候也有會掉毛、甩頭、嘔吐跟拉肚子，都有可能。

不過，當皮膚出現異常，不代表一定是食物過敏，因為除了食物之外，還有寄生蟲、環境中的過敏原。當你發現狗狗有剛剛那些狀況，就要帶狗狗去看醫生，確認過敏原是什麼。如果是對食物過敏，一般都會請爸媽配合用「食物排除試驗」來篩檢出這些症狀的原因。

頻繁搔抓、舔咬皮膚　**皮膚紅腫發炎**

經常抓耳朵、甩頭（反覆發生外耳炎）

嘔吐

腹瀉

當狗狗食物過敏了，飲食上我們會建議暫時讓牠吃單一蛋白質的食物，或是餵牠水解蛋白質處方飼料，水解的意思是把大蛋白質分子變小，讓免疫系統找不到攻擊的對象，就可以減緩過敏反應。另外，對於食物過敏的狗狗，爸媽們可以這樣照顧：

塗抹藥膏，記得幫狗狗戴頭套避免誤食

耐心安撫狗狗情緒，以減緩搔癢帶來的不適感

維持環境清潔、乾燥

避免使用化學藥劑清潔居家環境

定期幫狗狗驅蟲

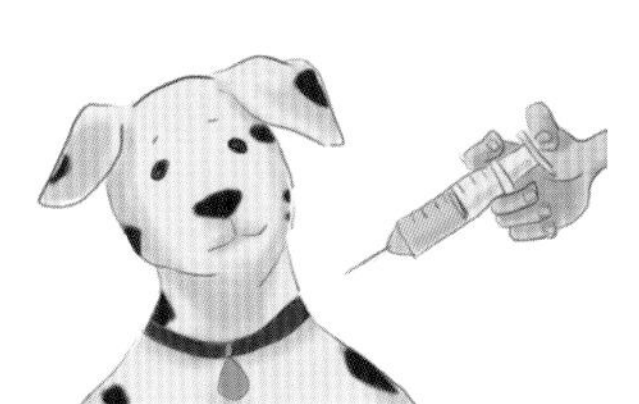

定期清潔狗狗用品

出現少量掉毛？

可能原因

- 黴菌感染
- 內分泌問題
- 正常的季節換毛

檢查項目與治療方式

- 伍氏燈檢查
- 顯微鏡檢查

如果狗狗身上出現少量異常掉毛，尤其是同時出現搔抓、紅腫、有傷口等情況，就要帶到動物醫院看診。

一般來講我們發現狗狗少量脫毛，一定會做兩種檢測，一種是用伍氏燈照，照毛髮根部，看是不是出現蘋果綠顏色，如果出現蘋果綠顏色，就表示是狗狗的皮膚已經受到黴菌感染。另外一個就是做菌檢，把狗狗身上皮屑接種到細菌培養皿上面，再到顯微鏡下觀察，檢查有沒有菌絲在牠的毛髮根部，如果菌絲在毛根上，可能就是黴菌感染。

在治療方面，一般來說都是用藥膏塗抹受感染的部位，不要讓黴菌擴散。如果爸媽覺得還是要預防牠全身感染，也可以用口服的藥物。可是口服的抗黴菌藥劑，一般來說都會對肝臟產生一些損傷，所以這時候還會配合肝藥一起服用，另外，小於四個月大的幼犬，因為肝臟的功能還沒發育完全，就不適合用藥

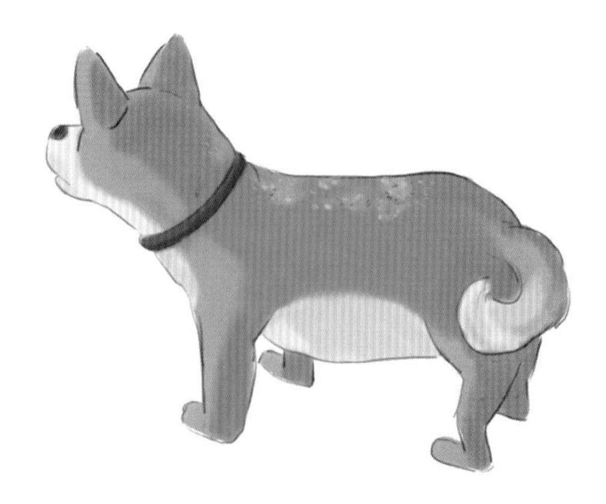

• 狗狗皮膚受黴菌感染的斑點樣掉毛

物治療。

療程上，吃藥可能要連續吃大概四個禮拜左右的時間，才能把牠給完全治療好，這個爸媽要有心理準備。

黴菌感染和環境太過潮濕有關，而且貓狗的毛髮可以說是黴菌非常喜歡的地方，所以可以的話，家裡的濕度儘量控制在 40~60% 之間，不管是人還是小狗都會比較舒服，此外，幫狗狗洗完澡以後要吹到全乾，如果手伸進毛髮裡面還有濕氣，那就表示吹得不夠乾。維持乾燥的環境，可以降低很多黴菌感染的機會。

不過，有些少量掉毛的情況是正常的，比如狗狗季節性的換毛，就屬於正常現象。從春天進入夏天，或冬天進入春天這一段季節在交換的期間，是狗狗最容易掉毛的時候。天氣轉熱的時候掉的毛，是裡面的小絨毛，那小絨毛一定要把它給梳掉，不會很容易造成皮膚炎。冬天所掉的毛是披毛，就是外面比較長的毛，不過梳毛時要連同裡面的小絨毛一起梳乾淨，在梳毛的過程中，可以促進皮脂腺的分泌，讓油脂能夠順利排出。

比較怕是皮膚炎造成皮脂腺塞住，如果狗狗的皮脂腺塞住，就會在皮膚形成粉刺，摸起來感覺到一顆一顆的，那就是表示牠的皮膚已經開始有在發炎，皮脂腺產生阻塞，無法暢通。有時候會形成一個大膿包在那邊，用力擠壓可以擠得出來，不過這不是嚴重的問題，用專用的洗劑，大約三至四個星期幫狗狗洗一次就可以，不過，一定要常常幫牠梳毛。還有，一般在飼料裡面來講的話，都是飽和脂肪酸會過多，如果在飼料中加入一些不飽和脂肪酸，例如乳油木果，它就是不飽和脂肪酸，就可以適量的加入，有助於緩和皮膚炎的情況。

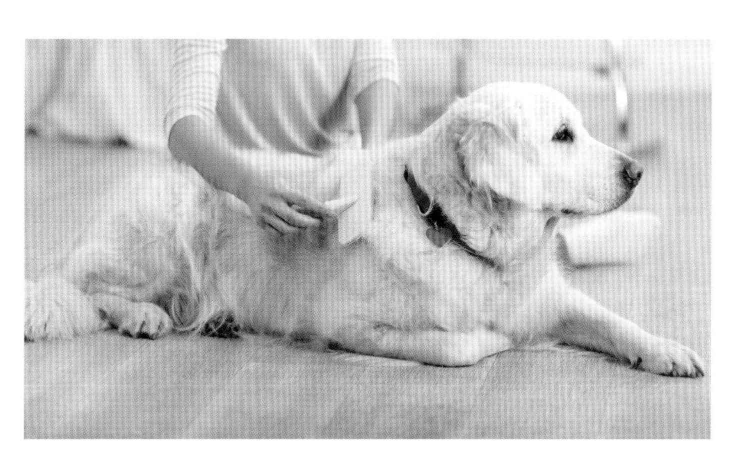

• 每天幫狗狗梳毛，有助於皮脂腺的暢通，就不容易長粉刺、甚至皮膚炎

毛髮越來越稀疏？

| 可能原因 |

- 庫欣氏症
- 其他內分泌問題

首先要看牠是不是有內分泌的毛病，如果是內分泌的毛病，一般來說都是腎上腺皮質功能亢進引起的庫欣氏症。當爸媽發現狗狗的毛越來越少，可以觀察牠是不是越來越多喝、多尿，飲食有沒有超過正常範圍；另外看看牠的皮膚有沒有變薄？如果皮膚變薄、活動力下降，那就是庫欣氏症，就要儘速就醫。

另外，因為毛跟指甲屬於身體輸送營養的最末端，當營養沒有辦法供應到那裡，毛髮就會開始掉落，等到營養足的時候，毛髮才會生長回來。

| 檢查項目與治療方式 |

- 血液檢查

一般來說，發生大量掉毛，在治療前要先做一些檢驗，找到原因之後才能進行治療，但如果除了掉毛，還伴隨著搔癢，表示牠的皮膚是有受到感染的；如果沒有搔癢情況，就單純做內分泌方面的檢測就可以了。

如果狗狗出現庫欣氏症的常見症狀，例如多喝、多吃、肚子越來越大，就要到動物醫院採血做檢測，如果是腦下垂體異常造成的庫欣氏症，可以用藥物治療，也可以選擇開刀；不過，如果是腎上腺腫瘤引起的庫欣氏症，就是以開刀方式治療，若醫生評估後認為不能開刀，才會改用藥物治療。

不過，無論是哪一類的庫欣氏症，即便是開刀治療，也有復發的可能，風險也較高。若採用藥物治療，雖然無法痊癒，因為病因還是存在，但是可以讓病情被控制在一定的範圍內，就要看主人的考量了。

還有一種毛越來越少，慢慢演變成大量掉毛的脫毛症，這種病特別好發在博美犬，原因可能牽涉到生長激素不足、甲狀腺功能低下等，目前還沒有明確的原因，在治療上，主要是把牠身體所缺乏的營養給補足。

皮膚騷癢、紅腫、異味怎麼辦？

乳油木果是奶油樹的果實，源自於西非的大草原，在非洲乳油木果油也有「女人的黃金」之稱呼。在多數的醫療文獻中看到乳油木果對於皮膚滋潤以及抗發炎有很好的效果。

而在我們臨床上，更看到乳油木果搭配適當的藥物，很有效地解除皮膚異味以及紅腫症狀。 另外，搭配多種菌株以及完整包覆的好益生菌更可以由內而外的解決毛小孩的皮膚騷癢、紅腫，以及異味等問題。

PART 4

狗狗行為出現異常，是健康一大警訊！

狗狗的行為，一般來講包括吃、喝，還有就是行走。
平常吃飯、喝水時，可能爸媽都沒有特別留意，
但最有感的就是當牠走路、跑步出現異常的時候，
這一單元就從飼主可以明顯察覺的狀況來為大家解答。

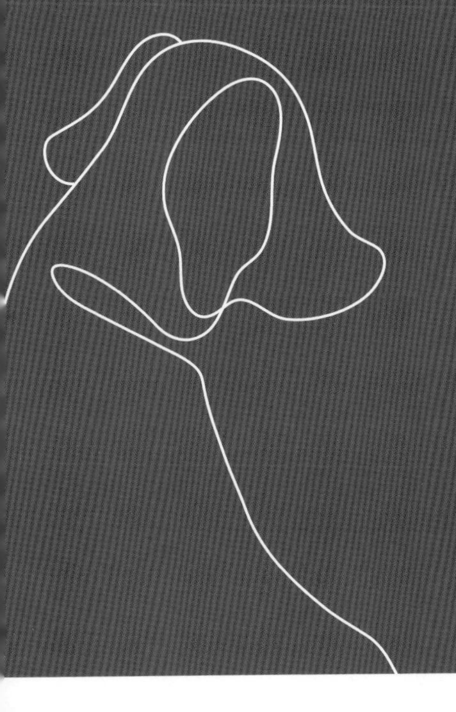

行為出現異常

這一章針對狗狗的異常行為來解說，例如忽然歪頭、走路一跛一跛、身體發抖、常常咬尾巴等等，希望能讓爸媽們初步了解當狗狗發生問題時，就診時可能需要做的檢查與治療方式。

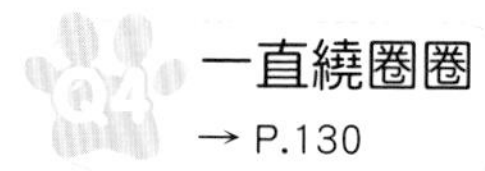

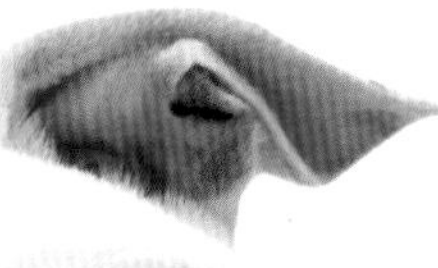

走路時一跛一跛？

可能原因

- 關節炎
- 關節脫臼
- 骨折
- 韌帶斷裂
- 肌肉拉傷
- 扭傷

檢查項目與治療方式

- 照 X 光
- 肌肉檢查
- 神經檢查

走路跛行，有可能是狗狗有關節炎，或是關節脫臼。

一般來說，我們都會先做觸診，就是在關節的位置檢查看看有沒有關節脫臼的情況，如果是關節脫臼的話，一般就會安排肌肉、神經檢查，而不是只有針對骨骼跟關節進行檢查而已。

例如，如果是後肢一跛一跛的狀況，會針對髖關節、膝關節、踝關節，甚至於腳趾頭都要一一檢查，每個部分的關節都會檢查到，甚至肌肉也要一併察看，肌肉是否疼痛？或者肌肉有沒有拉傷？或者扭傷？關節是否有鬆動等等，再來就是骨骼，看牠是不是有骨折。

在診斷時，我們也會詢問爸媽牠跛行的程度，例如牠走路狀態是一蹬一蹬的呢？或者是整個腳都縮起來走呢？這兩種是完全不同的。一蹬一蹬的，就是腳掌敢著地走路，假如腳是縮起來、不敢著地，就是另一種情況，這也代表受傷的部位是不同的。

另外也很重要的就是跛行的狀況發生了多久？爸媽要講。有時候像小貓在跑時，被窗簾的繩子纏到所產生的跛行，只要把牠固定起來一段時間就會好，但如果是在奔跑的時候發生的，毛小孩的跛行牽扯到的事情還滿多的，就有可能是韌帶斷掉、骨折、膝關節移位，要先照 X 光去檢查嚴重程度，再進行後續的治療。

如果是罹患關節炎，因為關節炎算是狗狗非常常見的慢性病，主因是軟骨受損引起，軟骨受損的原因則有很多種，可能是自然老化，軟骨間的潤滑液慢慢不夠了，造成關節磨損，就像人老化也會產生一樣的情形；再來是狗狗關節有受過傷，造成軟骨退化；或者是軟骨因為外傷、受到細菌入侵引起；另外還有一種，是身體結構上的問題，就是先天性的，某些品種的狗狗比較容易有關節炎，因為髖關節和膝關節天生發育就不好，比如說臘腸狗、紅貴賓、吉娃娃、柯基犬、柴犬等。

最後一個造成軟骨受損的原因是肥胖，因為體重過重會增加關節的負擔，如果是肥胖造成的關節炎，就是要減重，體重掉下來了，因為關節炎引發的疼痛就會有很明顯的改善。

有關節炎的狗狗，可能在站立上就有困難，爸媽們可以觀察是不是要牠站起來的時候動作很慢、很僵硬，或者是長期坐著趴著不想動，因為牠的關節不舒服就會這樣，也可能會有情緒低落、食欲下降的狀況。

另外，如果是要預防關節炎，就是要讓狗狗維持在正常體重，定期帶牠出去動一動，另外不要餵牠人吃的食物，因為人的食物對牠來說都太鹹、太油膩。

膝關節異位的症狀

跛行 / 輕跳

上樓梯沒力

• 狗狗關節炎的各種症狀

魏博士的小叮嚀

平常做好骨骼的健康維護讓毛孩的行動有力不卡卡

要預防關節炎，除了要讓狗狗貓貓維持在正常體重外，最重要的還是要在平常幫牠們做好維持骨骼及組織的健康。最簡單的營養療法，就是從補充鈣、維生素 D_3 以及乳油木果來著手。市售鈣錠很多，最好選擇國際認證的原料，且不受餐前餐後食用限制的檸檬酸鈣為佳。檸檬酸鈣不但沒有結石的問題，而且吸收率相對其他型態的鈣尤佳。同時建議再搭配 D_3 來幫助鈣吸收，達到全方位的照護。另外，乳油木果具有抗發炎、減少肌肉痠痛等功效，選擇含有第二型膠原蛋白、葡萄糖胺、乳木果油及鳳梨酵素等複方成分的軟膠囊，協同效果更好。

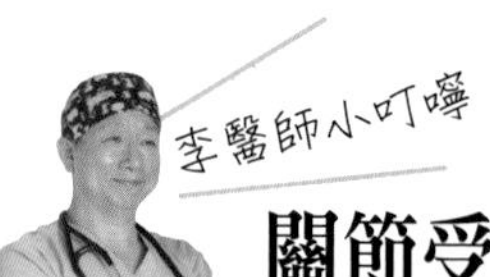

關節受損的狗狗要減少跳躍、上下樓梯的機會

⊙ 就醫前這樣做

在帶去看醫生之前，爸媽一定要先回想、觀察一下狗狗的這些情況：

- 牠曾經去過哪裡？
- 牠有沒有從哪個地方跳下來？
- 有沒有跟別的狗打架？
- 玩過什麼遊戲？
- 跟什麼一起玩？
- 發生跛行的時間多久了？
- 跛行的程度如何？

這些都是需要爸媽觀察後提供的資訊，也是我們在疾病診斷上的重要依據。

⊙ 讓牠快快痊癒的方法

平常怎麼照顧有關節炎的狗狗呢？

首先，環境方面，一般來說狗狗關節炎就是要避免他跳，還有上、下樓梯，這些需要一直彎曲關節的動作，因為樓梯是設計給人走的，不是給狗狗走的；地板上可以鋪防滑墊，增加地板的摩擦力，牠走路的時候就會比較省力。

飲食方面，可以補充一些含有葡萄糖胺、Omega-3 脂肪酸、軟骨素的營養品。

• 避免上下樓梯

• 鋪防滑墊

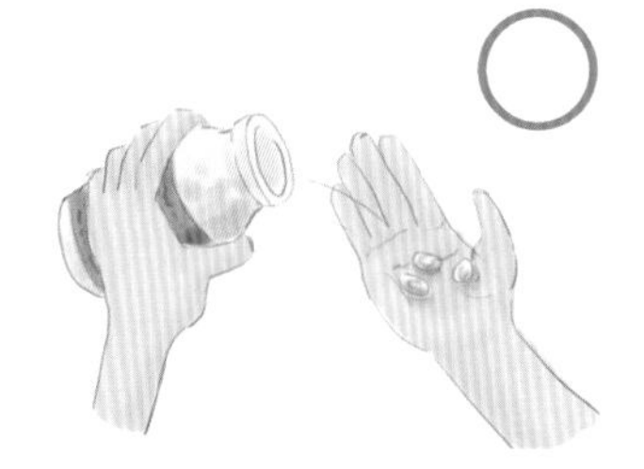

• 補充營養品

身體出現震顫？

| 可能原因 |

- 腦部異常
- 神經壓迫
- 肌力不足
- 體內離子不平衡或流失
- 胸椎、腰椎異常

| 檢查項目與治療方式 |

- 腦神經檢查
- 肌肉張力檢測

身體的震顫，有時候是肌肉震顫，另外一個就是腦袋不停的在點動，或者是嘴角出現震顫。

如果是頭部不停的震顫或者是嘴角在震顫，就會檢查看看是不是腦部發生了問題，造成牠不由自主的點頭，或者是嘴角常常不由自主的抽搐。

如果是肌肉震顫，造成的原因很多，如果狗狗只是站立的時候產生肌肉震顫，這時候就要檢查看看是不是神經受到壓迫，如果是神經的壓迫就要做神經學上的檢測；如果是後肢震顫，就要檢查牠的胸椎、腰椎是不是產生了異常引起疼痛。

另外，也要檢測肌肉張力，因為肌肉的力度不夠或者是肌肉團塊包覆力不夠；還有像是鈣離子不平衡、離子上的流失等等，這些都有可能是狗狗肌肉震顫的原因。

發生震顫的部位	可能原因
嘴角、頭部震顫	腦部異常
肌肉震顫	神經壓迫 肌力不足 體內離子不平衡或流失
後肢震顫	胸椎、腰椎異常

不停發抖？

可能原因

- 關節疼痛
- 內臟發炎或受到壓迫
- 氣溫過低
- 細菌或病毒感染

檢查項目與治療方式

- 神經學檢查
- 生化檢查

不停的發抖，就要看狗狗是在什麼動作下產生顫抖的。

如果是站立時出現的顫抖，一般來說這跟疼痛有關係，因為肌肉無力沒有辦法支撐體重，讓關節的地方產生疼痛，就會顫抖，尤其如果站立時是很慢的站起來，也就是因為體位上的改變所產生的發抖，更有可能是關節上出問題導致的，請儘快帶狗狗到動物醫院做檢查，看是不是肌肉無力造成，醫院也會幫牠打止痛藥先減輕牠的疼痛。

如果是趴著的時候出現了發抖，而且發出低鳴，有哭泣的聲音，表示可能是內臟所造成的疼痛而產生的發抖，例如胰臟有發炎，造成疼痛，或者是因為脊椎壓迫到內臟，要做區別診斷，因為這兩個都會產生發抖的情況，但是牠所呈現的部位是不一樣的。

還有，因為發抖可以讓體溫升高，所以也可能是因為氣溫過低而發抖；如果是發燒時所產生的發抖，一般來說，就是受到感染造成白血球上升。

當毛小孩因為肌力不足而發

• 肌力夠 vs. 肌力差的狗狗，定期帶狗狗去運動有助於增加肌力

抖，這時可以幫牠補充高質量蛋白質；若是因內臟發炎而導致的發抖，通常我們的作法是先幫牠止痛，進行輸液，當然得住院觀察，

如果伴隨發燒，就要進行輸液後留院觀察。

NOTE 獸醫師的看診筆記

爸媽在把毛小孩帶到動物醫院的時候，一般我們就會根據牠的症狀去做相對應的檢查。醫生不是神，很多時候要看到證據，才能進行進一步的診斷和後面的治療。如果剛開始什麼都不做，就用猜的，反而會延誤治療，所以檢查有時候是必須的。

比如關節方面的疾病，我們會針對骨關節去做檢查；再比如說牠在發抖，就要看牠是不是體內離子有變化，所以做抽血檢查是必須的，再進一步去看牠是不是有發燒、發炎，一些血液的檢查也是有需要的，甚至要做X光的檢查來找出原因。

如果爸媽對於毛孩的疾病有基本的認知，什麼樣的疾病，可能要做哪一些檢查，一方面不會花冤枉錢，還是不知道問題在哪裡；一方面也不至於因小失大、耽誤到毛孩的病情。

一直繞圈圈？

可能原因

- 腦神經異常
- 前庭系統（耳朵）異常

如果有一直繞圈圈的情況，就是狗狗的腦部出現問題。當牠一直向左繞的時候，可以看看左邊的耳朵，一般來說是牠的中耳或者內耳出了問題，這是一個。第二個，是前庭系統出了問題。

一般來說我們會做神經學檢查，我們有一個神經學的量表，如果要找出原因，我的建議是可以做斷層掃描，看看腦部的狀態到底是怎樣，例如牠繞圈圈跟牠本身一直轉，這個狀況是不太一樣的。

再來就是看牠的眼球有沒有震顫，那也是包括在神經的檢查裡面，比如說，牠會這樣繞圈圈：如果房間比較大，就繞比較大圈，房間比較小，就繞比較小圈，持續的一直在繞，當坐下來休息時，牠的頭也會歪一邊，這個就表示牠的腦部的神經出了問題。

檢查項目與治療方式

- 神經學檢查
- 斷層掃描

如果是因為腦神經問題產生的狀況，剛開始會先用藥物治療，如果想要進一步治療，就要多花幾萬塊做斷層掃描。有的醫師會去做一些血液學檢查，從血液學檢查看到

・狗狗不同的繞圈方式，表示不同的腦部異常狀態

的數值，結合臨床症狀診斷再開始給藥。

一般來說，不管是中耳、內耳或前庭、腦神經的問題，都會需要使用藥物做治療。不過在給藥的時候，最好還是要看一下牠的肝腎功能會比較好，因為有些藥物會影響到肝，有些藥物會影響到腎。

另外，在藥物治療上，我們都會先以一個禮拜的療程為基本，然後觀察狀況會不會好轉，因為有時候可以慢慢好起來，有時候是觀察這個狀況好了，會不會有另外一個症狀出現，比如說晚上牠會開始不明原因的嚎叫，那也有可能是因為腦部其他部位出了問題，所以要根據牠的症狀去做藥物的調整。

NOTE 獸醫師的看診筆記

為什麼狗狗上次檢查正常，這次檢查又不正常了？

常有爸媽不解的問說：醫生你不是說檢查都正常，那為什麼這次檢查又不正常，或是跟醫師說為什麼吃這個藥沒有效，常常會遇到這樣的詢問。

其實並不是說治療無效，在治療的過程中，牠的另外一個疾病已經潛伏起來，然後等到某個時間點，整個爆發出來。

生病是一個過程，治療也是一個過程，在生病的過程中，我們用藥物介入，試圖把病症給減緩，可是，你後面可能還有另外的病症會起來，就跟波浪一樣，而且疾病本身會有潛伏期，有一段原來就存在的 A 症狀被覆蓋，當我們用藥物後，B 症狀被壓下來，A 症狀就會變得明顯，有時就會有這種現象出現，有時候因為沒有臨床症狀，往往就會被爸媽忽略掉，等到後面爸媽忽然想起之前也有什麼徵兆，但其實另外的臨床症狀，早就已經出現了，只是因為眼前這個症狀比較嚴重，所以牠就以這個症狀為主來治療，忽略了原本就存在的症狀，這些都是有可能會發生的事。

所以在問診的時候，我就會變得說，一定要很小心，而不是說只針對目前所看到的，我們一般都會做出時間軸，包含什麼時候發現？持續了多久的時間？狗狗後續出現什麼狀況？再根據當時的狀況用藥。

另外也提醒爸爸媽媽，在治療過程看到狗狗有其他異常現象的時候，一定要記錄下來，再跟醫師去做討論，提升狗狗痊癒的機會。

動不動就拱背？

可能原因

- 身體疼痛

檢查項目與治療方式

- X光檢查
- 超音波檢查
- 血液檢查

狗狗不會無緣無故把背拱起來，所以如果出現拱背，一般來講就是哪裡有疼痛。就像我們肚子在痛的時候身體會縮起來、背自然拱起，狗狗吃到異物，因為腸子鼓脹造成疼痛，也會有一樣的反應。所以，當狗狗把背部拱起，是我們能看到的一個臨床現象，造成的原因就是跟疼痛有關係，只是我們不知道疼痛發生在哪個部位，所以必須透過檢查，一個個把它給找出來。

檢查方面，這時候照X光是必須的，可以檢查狗狗的脊椎是不是已經有變形？或者是不是有退行性的關節變化？然後做抽血檢查白血球數，看看有沒有發炎，像是胰臟、膽囊發炎、腎結石等等，都會造成疼痛；有需要的話，甚至要照超音波來做檢測疼痛點。

疼痛分為受傷組織以及認知，可用止痛藥再加輔助藥物來緩解。

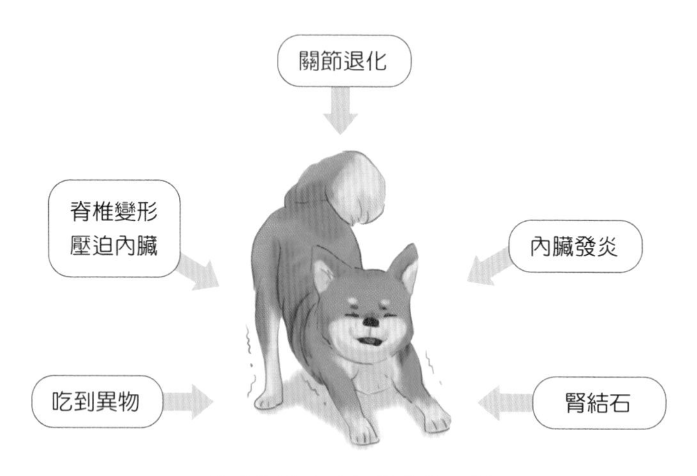

• 造成狗狗疼痛而拱背的原因

常常咬尾巴？

可能原因

- 尾巴發癢、發炎
- 其他部位異常的健康警訊

檢查項目與治療方式

- 皮毛檢查
- 黴菌檢查

狗狗會追著尾巴前端一直咬，若出現這樣的情況，表示牠的尾巴正在發癢或發炎。有時候狗狗的尾巴前端，會因為被門夾到而產生發炎，加上發炎處如果被毛蓋住，爸媽就容易疏忽掉，當傷口持續的發炎而出現腫脹，狗狗就會不舒服，開始又舔又咬，毛就開始脫落。

看到小狗喜歡啃咬自己的尾巴，如果放任不管，就會越來越嚴重，可能啃到乾乾的只剩下皮，有的甚至只剩下骨頭，如果出現這種情況，尾巴就要截掉，才能避免往上感染。

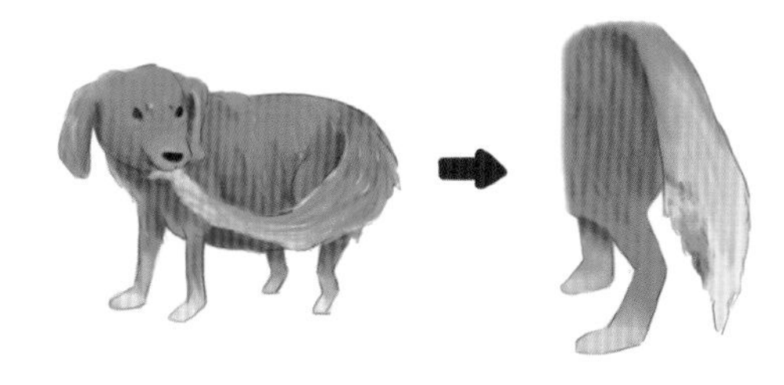

• 如果常看見狗狗咬尾巴，絕對不能輕忽

先戴上頭套，防止狗狗繼續啃咬尾巴

⊙ 就醫前這樣做

狗狗的尾巴除了會用來表達情緒，也是全身健康問題的警訊，當爸媽發現毛孩不斷咬尾巴時，應該先把牠的毛撥開，看看有沒有什麼異常狀態，再來就是要幫牠戴上頭套，防止繼續啃咬，並且儘快帶去看醫生，不然牠的尾巴會慢慢的乾性壞死，長不出毛，骨頭露出與外界接觸造成感染，最後就得截尾。

常磨屁股或舔屁股？

｜可能原因｜

- **肛門腺堵塞導致發炎**

這是因為沒有幫狗狗擠肛門腺，導致肛門腺發炎。

一般來講，在狗狗大便的時候，肛門腺裡面的液體本身就應該會順著大便擠出來，便便上就有牠自己的味道，用來標記自己的領域。那如果說肛門腺裡面的液體沒有擠出來，牠開始在舔屁股，或是說牠大出軟便，或者有拉肚子的情況，就有可能是肛門腺的開口有堵塞，這時候就要幫狗狗擠肛門腺。

如果有去做寵物美容的狗狗，雖然美容師都會幫忙擠，可是通常是從外面擠，所以有時候會擠不乾淨，所以爸媽如果看到狗狗時常磨屁股，千萬不要再認為說牠好像很愛乾淨，而是牠的肛門腺在癢，這時就要趕快幫牠擠肛門腺了。

｜檢查項目與治療方式｜

- **直腸檢查**

肛門腺已經有發炎情形的狗狗，因為擠肛門腺的頻率大約是一個月擠一次，所以一個月至少要回診一次，如果說情況比較嚴重的，就一個月回診兩次，也就是半個月擠一次，回診時再去觀察肛門腺的狀態，通常醫師會用觸診的方式來進行檢查。

除了擠肛門腺之外，有些甚至要搭配吃一些抗生素、抗過敏和止癢的藥物，讓牠不再抓搔或磨屁股，達到預防細菌感染的效果。

幫狗狗擠肛門腺，預防發炎、細菌感染

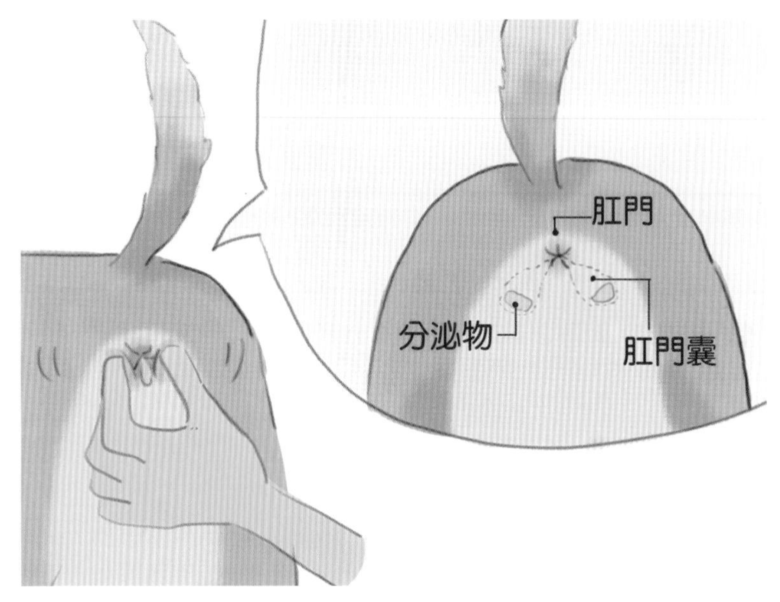

• 狗狗肛門腺示意圖

⊙ 幫狗狗擠肛門腺的方法

一般我們在擠肛門腺時，會用食指跟拇指，在四點跟八點的方向能感覺到一個囊狀物，然後就慢慢的往上推，就會擠出淺棕色的油狀液體，擠出後拿衛生紙包裹住、丟棄。

另外提醒各位爸媽，在擠的時候，力道要拿捏好，有時候太用力擠，但開口還是沒有打開，如果再用力擠時反而會爆開，一旦發生這種情形，狗狗就要做肛門腺摘除。所以，建議第一次要擠肛門腺的爸媽，最好還是先觀摩一下獸醫師怎麼做會比較好。

出現疝氣？

可能原因

- 排便困難、長期便秘

公狗跟母狗出現疝氣的地方不一樣。一般來說都是未絕育的狗狗比較容易發生，公狗出現疝氣的位置幾乎都在肛門周圍，母狗則是出現在鼠蹊部。

會造成疝氣，通常是因為便便塞住，沒辦法排出，全都卡在直腸，狗狗就會有排便困難的問題，所以爸媽只要看到鼠蹊部或是肛門附近鼓一包，或是大便大不出來，就要趕快帶到動物醫院。

檢查項目與治療方式

- X 光檢查
- 超音波檢查

治療的方法都是開刀，不可能用藥物來恢復正常。一般來說，會發生疝氣，通常都是因為會陰膈膜肌肉無法支撐直腸壁，而造成直腸、會陰或腹腔臟器掉入會陰的皮表，如果發生這種狀況，就只能動手術了，一般都會建議，直接把睪丸摘除，因為不拿掉，會因為雄性荷爾蒙造成肌肉鬆軟。沒有辦法控制住腸道，如果之前沒有做過絕育的狗狗，這時候也會建議順便做絕育手術。

李醫師小叮嚀

爸媽不要隨便給藥

有些爸媽會先讓狗狗吃軟便劑，可是吃了軟便劑以後，還是會復發，那到時候如果說公狗的膀胱掉下去，或者母狗的腸道掉進去，那就很麻煩，會導致膀胱整個脹大後壞死，這是因為尿液累積在那個地方，會造成急性腎衰竭的問題，還是建議帶到動物醫院診斷後再確認處理方式。

受過訓練還是隨地撒尿？

｜可能原因｜

- 狗狗是健忘的
- 腸道出現異常
- 慢性膀胱炎
- 結石問題

雖然狗狗有受過訓練，但其實時間一久牠就會忘記，加上狗本身還是會有地域性，牠覺得哪裡好、哪裡方便，就會去那個地方尿尿，所以後續就要靠主人培養狗狗定點大小便的習慣。

如果常發生狗狗等不及就排便了，而且大便常是一滴、兩滴、三滴的話，就要考慮是不是腸道有問題；如果一直尿尿，就要檢查看看是不是有慢性膀胱炎，或者有其他疾病。

另外，狗狗如果尿尿時蹲了很久，可是尿只有一兩滴，公狗的話就要檢查前列腺，母狗就要檢查是不是有慢性膀胱炎或結石的問題，這兩種都會造成尿的頻率增加，但尿量卻很少。

｜檢查項目與治療方式｜

- 尿檢
- X 光檢查
- 超音波檢查

一張表格搞懂狗狗尿路結石問題

什麼是尿路結石	尿路結石依照尿液的酸鹼度不同，而會有磷酸氨鎂結石與草酸鈣結石。
哪種狗狗容易尿路結石	尿路結石可分成兩種，一是「磷酸安鎂結石」，好發於母狗，主要是細菌感染引起；一是「草酸鈣結石」，好發於已經絕育、4 歲以上的公狗，主要是飲食和肥胖問題引起。
症狀表現	如果發現狗狗尿液混濁且氣味重，甚至有血尿情況，或者有尿道口紅腫、排出膿樣分泌物等，都可能是尿路結石的症狀。
飲食調整	可在一日飲食中選擇適當的處方飼料，並多喝水。提升狗狗喝水的欲望和攝取量，其他則視每個個體的狀況而定。

預防狗狗隨地大小便的3種方法

• 1. 在牠撒過尿的地方，可以用含有活性酶、氣味刺鼻的清潔劑來清潔（請先確認成分對狗狗無害），去除尿味，防止牠聞到以前的尿味又繼續在那裡大小便。

• 2. 早、晚固定時間帶牠到戶外上廁所，並且隨機給零食，讓狗狗意識到這樣做會有獎賞，但不用每次都給，幫助狗狗養成定時排泄的習慣。

• 準備牠的尿布墊。可以訓練牠到浴室撒尿，或者把牠關到某個固定的空間，讓牠固定在那邊大小便，把味道留在那個地方，讓牠有地域感。

另外，有的爸媽在帶毛孩來看診時，會很體貼地幫牠包尿布，因為狗的本性就是有佔領慾，當牠聞到其他的味道，就會想用牠的尿把其他味道掩蓋過去，這樣可以預防狗狗在動物醫院隨地排泄。

突然出現歪頭？

可能原因

- 落枕
- 受外力撞擊
- 從高處摔落

檢查項目與治療方式

- 照 X 光
- 斷層或核磁共振

一般來講，小狗不會無緣無故就歪頭，比較常見的是因為睡姿不良而落枕。通常狗狗落枕時，會出現不能轉頭、頭也都低低的、只用眼睛斜瞄的狀況，而且一碰牠的頭就會唉唉叫，這時候要帶牠到動物醫院，醫師會幫牠套上護頸，並給牠止痛以及肌肉鬆弛的藥來舒緩。

有時候則是爸媽下班時才看到狗狗的頭突然間歪掉，中間發生什麼事情不知道，所以有可能是撞擊、有可能是從上面掉下來，或者跳沙發不慎摔落，通常都是因為很大的外力所造成，所以要透過照 X 光來看看頸椎有沒有受傷，也要檢查是不是有腦震盪的情況。

除此之外，狗狗受到外力撞擊，呈現的大多是上下歪的情況，也就是第一跟第二頸椎的韌帶變鬆導致的，如果出現這個症狀，就要透過手術固定。如果是椎間盤開闊太開的頸椎脫位，且情況嚴重，也要動手術來做矯正。

如果只是一般的肌肉拉傷，我們會給止痛藥，然後讓狗狗回家冰敷，再開始慢慢讓頸部、頭部再回正，要避免在受傷的地方硬拉，否則傷勢會更嚴重。

就醫時，爸媽們要告知狗狗的病史、發生歪頭狀況的過程，例如牠是在做什麼樣的動作，或者發生什麼樣的狀況所造成的，這些都有助於醫師的診斷。

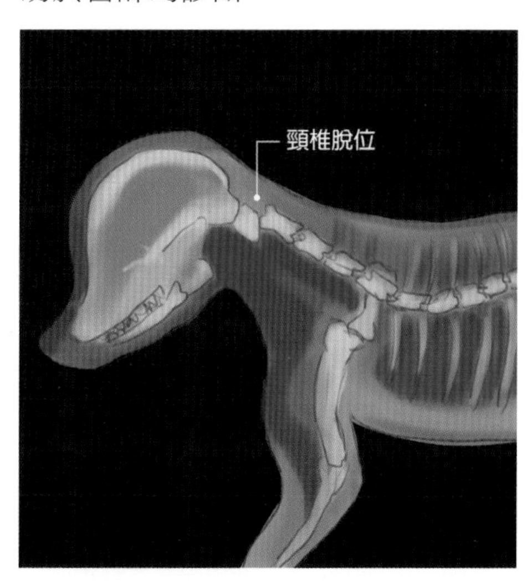

• 外力撞擊可能造成狗狗頸椎脫位

流口水且發抖、站不穩？

可能原因

- 血糖過低
- 胰島素過量
- 子顛症
- 甲狀腺亢進

檢查項目與治療方式

- 血糖檢測
- 甲狀腺素檢測
- 生化學檢查

當爸媽有看到狗狗流口水或是站不穩，就要趕快帶去給醫生看，一般我都會先詢問狗狗是不是有低血糖的問題，或者詢問爸媽狗狗飲食是不是正常？常期飲食不佳會造成體內離子不平衡，要用血糖機測量牠的血糖數值，如果在低範圍，就要趕快幫牠補血糖，讓牠穩定之後，再採血去看牠的鈣離子。如果狗狗是糖尿病患的話，也會詢問爸媽打的胰島素是不是過量了？

另外，也會觀察小狗的外觀跟狀態，是不是太消瘦？還是太亢奮？因為太亢奮的話走路也會抖，所以要做區別，看看是什麼狀態。比如說牠食欲很好但是體重卻在減少，如果是這種情況，有可能是甲狀腺功能亢進，是因為甲狀腺素分泌過量造成的，這時就要使用藥物把甲狀腺素分泌量壓下來。

還有，如果是生產後的小狗，有一種叫做子癲症的病症，也就是在分娩後所產生的全身痙攣，造成肌肉僵直與抽搐。

最後，要補充說明，如果是在注射胰島素後，所產生的發抖、站不穩的話，每打 1IU 的胰島素，可以補充 2G 的糖。為了避免情況再次發生，幫毛孩注射的人最好能固定，或者要做完整記錄，避免重複打入胰島素。

• 狗狗營養不足、血糖過低也會有發抖的情形

NOTE 獸醫師的看診筆記

狗狗身體的代償機制，會讓疾病檢查數據失準

爸媽要有一個基本觀念，就是在疾病中所做的檢查不一定一次就準確，這是因為有時候身體有一部分會代償，一般來講都是治療完要等一段時間，比如說隔一天或者間隔 12 小時，再去做一次檢查，這時你可能會看到跟原本的數據不一樣，常見的剛出車禍的狗狗，血液數值可能都還在正常值。

不過，如果說牠是一個慢性疾病，而且已經很久了，那就沒什麼代償作用的問題，早在之前就已經代償掉了，所以這時候檢查得到的數據就是能夠做為參考的數據。

這篇提到的低血糖的狀況，血糖檢測是馬上做、馬上得到真實的數據，血糖量沒有所謂代償的問題，低血糖表示你的血糖數值不夠，就要幫狗狗注射點滴補充糖，再監控牠的血糖，讓血糖回到正常範圍（70-100 mg/dL）。

變得不愛親近人、常躲起來？

可能原因

- 曾受到虐待
- 社會化不足，缺乏安全感
- 身體疼痛

檢查項目與治療方式

- Glasgow Score

當狗狗喜歡躲藏，那就表示牠是不是有受到什麼打擊，或是受到什麼樣的傷害？比如說牠曾經受到虐待，可能上一個主人常常看到牠就揍牠，造成牠心理上的陰影，到下一個主人那時，就會跟新主人比較不親，或是跟所有人都不親近，這比較偏向心理疾病。

另外還有一種剛好反過來，只黏著主人，黏得很緊，深怕主人把牠丟掉、不要牠了，而且在主人懷中，對別人也會特別兇，這都表示牠沒有安全感。這樣的狗狗，要讓牠多一點社會化的機會，比如讓牠多接受其他人的撫摸，讓牠知道大家都很愛牠，不是大家都是壞人。

這種排斥其他人、沒有安全感的狀況，可能會持續多久的時間呢？其實要看狗的個性，有些需要很長的時間。比如有些流浪貓在剛被接回家時也是這樣，就是跟人都不親，特別喜歡躲藏，可是過一段時間以後，慢慢就會讓你摸，有時候甚至需要幾個月來建立互信，讓牠相信你對牠是無傷的。

另外一個狗狗喜歡躲藏的可能原因，表示牠身體有疼痛。當牠不舒服的時候，就會喜歡躲在衣櫃角落，或者其他隱密的地方，所以當爸媽發現毛孩有躲藏的情況，記得要帶去看醫生，確認有沒有發燒，或是其他的疼痛反應。

• 缺乏安全感的狗狗只想黏著主人，需要多讓牠和外界互動

• 當狗狗身體疼痛時，可能會經常躲起來

不停用頭去頂硬物？

｜可能原因｜

- 腦神經／腦部退化

｜檢查項目與治療方式｜

- 神經學檢查
- 斷層
- 核磁共振

狗狗不停地用頭去頂硬物，例如有的是頂到牆上，頂在那個地方就不動了，感覺在那裡低頭思過的樣子，過一段時間起來後，又去頂另外一個地方。如果狗狗出現這種情況，大多是腦部出現問題，腦神經出現了退化。

這種情況，通常也檢查不到什麼異常，只能用一些營養補充品讓牠不再惡化，在治療神經退化上，不管是人醫還是獸醫，雖然類固醇還是蠻好用的藥物，但是類固醇吃久了對身體並不好，而且藥物的幫忙其實還是很有限。

因為頭腦的退化一般來講都是氧化反應，所以，我的建議還是補充營養，提供牠含有「維他命B群」跟抗氧化成分如「維他命C、維他命E」的營養補充品，幫牠增加一些抗氧化反應，對牠會有幫忙，不過，問題是這些氧化物口服進去後，會不會到達腦部，目前並沒有明確的實驗數據，只能根據狗狗的狀況，用這個方法來維持，就像一些年長者拿的藥，其實也都是一些營養劑而已，除非是有出現疼痛的狀況，就會給予牠止痛藥，讓牠舒服一些。

此外，如果狗狗有抽搐的問題，也可以提供牠含有維他命B群或鎂、鈣的營養補充品，因為這些成分有修復神經的功能。

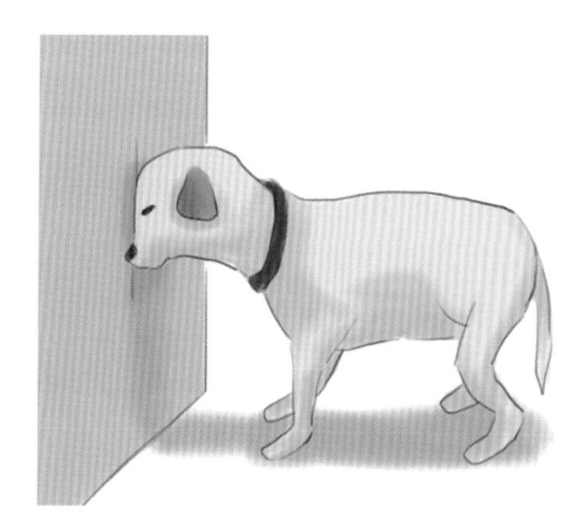

• 狗狗常用頭頂牆壁，不是在面壁思過，而是腦神經退化了

不睡覺或作息突然改變？

可能原因

- 腦神經／腦部退化

檢查項目與治療方式

- 神經學檢查
- 核磁共振

狗狗晚上不睡覺在那邊叫，或作息跟過去不一樣，一般都好發在老齡狗，很多老齡狗的行為改變，都是因為腦部退化造成的。

現在十幾歲的老齡狗蠻多的，所以爸媽們遇到這種異常的機會也會越來越多，比如有時候牠會變得不認識你，有時候會突然看不見，牠只知道吃飯跟睡覺，慢慢的就會出現痴呆的症狀。

如果是腦部退化造成的，基本上都是無解，最多只能吃給牠吃一些安定神經的藥，讓牠能夠好好睡覺。因為隨著年齡增加，牠本身的整體機能都在衰退，要靠藥物修復牠的身體機能，是有難度的。所以我們會建議給予額外的營養品，希望讓牠們在老化的過程中，也能過得舒服一點，能為狗狗盡到一份心力。

另外，以前的狗跟貓都需要打獵，而且以前的狗壽命不長，現在的狗如果沒有什麼疾病，大多都可以活到十幾歲，跟人類的生活習性也越來越像，甚至也吃相同來源的食物，由於壽命延長了，以前看不到的疾病也就會開始慢慢出現，這也是主人可能會面臨的問題。

高齡犬腦部退化的表現

• 常常發呆

• 認不出主人

• 半夜吠叫

變得愛舔腳趾頭？

可能原因

- 感到無聊

檢查項目與治療方式

- 腳趾是否有發炎
- 皮膚是否有傷

剛開始是狗狗因為沒有人理牠，牠覺得無聊，只好東舔舔、西舔舔，舔到後來，爸媽就會發現牠的腳趾紅紅的，而且開始發癢，然後狗狗越癢就越舔，最後舔出趾間炎。

趾間炎的治療，因為要幫狗狗做檢測，會把患部的毛剃掉，有時候一看就可以看到腳掌紅紅的，那就表示牠已經舔到形成皮膚炎，患部會釋放出組織胺，狗狗就會覺得癢，動物醫院會幫趾間炎的狗狗做刷洗，之後再觀察牠搔癢狀態的改善程度，這時候讓牠吃抗生素是會好，可是一停藥就會復發，所以要先幫牠戴上頭套，避免牠繼續不停的舔腳趾。

狗狗舔腳趾頭非常常見，在日常照顧上，根本方法是爸媽需要多陪牠玩，適時的讓牠轉移目標，不要把所有的注意力都放在腳趾頭，就可以慢慢把問題解決掉，另外就是可以從給予的飼料開始，比如說如果牠有過敏性的體質，就可以從改變飼料開始，再配合醫療給牠一點抗生素和止癢劑，加上局部的刷洗，從幾個不同的方面著手，就可以達到效果。

治療狗狗趾間炎的方法

• 多陪牠玩，轉移注意力

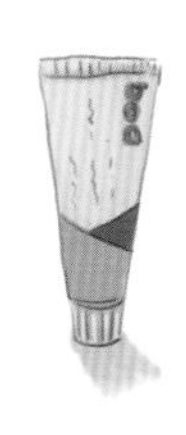

• 服用抗生素和止癢劑

會舔咬身體特定部位？

｜可能原因｜

- 該區域有外傷

｜檢查項目與治療方式｜

- 體表檢查
- 神經學檢查
- 生化檢查

如果狗狗喜歡舔咬身體，而且都是固定的地方，很可能就是那個地方有外傷。有外傷的情況下，最好馬上帶到醫院給醫師檢查，我們在做治療時，第一個就是剃毛，有些爸媽會說冬天剃毛狗狗會冷，其實除了毛，狗狗還有皮下脂肪，且剃毛最主要是為了要醫療，所以不要捨不得，而且毛還會長出來，可是如果放任患部壞死，長不出毛，之後狗狗的外觀反而會變得更加的難看。

剃完毛之後，就要看看牠的傷口是什麼原因所造成的，如果是因為細菌所造成，就要幫牠做局部的刷洗，再給牠一些口服藥物，幫助傷口能夠快速癒合，下次當動物醫院要幫狗狗剃毛時，爸媽別再大驚小怪，這都是為了幫助狗狗恢復健康而做的必要措施。

帶毛小孩回家後，定時讓牠服藥，定時的幫牠處理傷口，並且要保持乾燥，才能讓傷口快快痊癒。

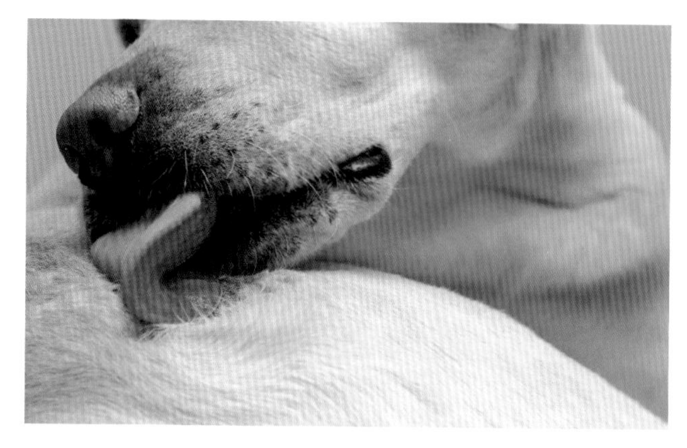

• 狗狗常舔咬的部位可能有外傷

走路無力、容易疲倦？

可能原因

- 椎間盤壓迫到神經
- 心肺功能衰退
- 關節受傷、退化或關節炎
- 腎臟問題

檢查項目與治療方式

- 照 X 光
- 斷層掃描
- 腎功能檢查

如果是狗狗走路運動的耐受性減少，可能是以下情況：

心肺功能衰退

- 心臟病也會造成運動耐受性不夠，例如，以前狗狗可以走 100 公尺，現在走路走不到一半就坐在那邊休息，或者說平常在休息的時候就已經很喘，那就表示牠的心臟有問題。

椎間盤壓迫到神經而疼痛

- 這時要先檢查看看是不是椎間盤壓迫到神經，造成疼痛，如果是神經的疼痛所引起，就比較不會喘，只是走一走就會坐下來，再走一走再坐下來。

關節受傷或關節炎

- 當牠坐下去再站起來時有困難，就表示牠的關節受傷了，罹患了關節炎，也就是退行性的關節變化，所以爸媽要去觀察牠平常坐下、站起時有沒有困難。

一般來講，在脊椎處所產生的壓迫，做 X 光通常看不出問題，只能去猜可能是哪一段，可是單照 X 光不能確診，最好的確診方式還是做斷層掃描。而且，脊椎的疼痛，因為要給牠止痛藥，所以也要檢查腎功能，如果腎功能不好又給牠吃止痛藥，就會衍生其他問題。

如果是心臟問題，也要照 X 光加上超音波檢查，看看有沒有瓣膜缺損或是瓣膜閉鎖不全，或者有心臟肥大的狀況。然後，要再檢查一下腎，因為心肺功能上的異常，因為血液循環的關係，也可能跟腎臟有關，所以說也要檢查腎功能。

如果是是退行性的關節變化，要給牠止痛藥，或是一些含有葡萄糖胺、硫酸軟骨素的營養補充品，可以延緩關節炎惡化，另外可以補充魚油，因為含有 omega-3 不飽和脂肪酸，可以減輕牠的發炎反應，讓牠的關節更活絡。市面上的營養補充品相當多，可以詢問醫師在臨床使用上哪一種品牌會比較好，再自行斟酌。

了解這些原因，就是讓爸媽們心理上有一個準備，表面是運動的耐受性減少，背後卻是有三種以上甚至更多的原因。

李醫師小叮嚀

爬樓梯對狗狗的關節非常不利

除了從飲食去獲取必要的營養素外，另外就是在運動的型態上，要避免狗狗受到傷害，比如說要避免爬樓梯，尤其一些特定品種的狗，像是臘腸狗、柯基等等，這些品種的狗因為身體長，所以在走路時脊椎容易出現左右扭轉，引發椎間盤突出的問題。

最好就是說狗狗的行走路線，儘量跟牠的脊椎呈平行，或是主人儘量抱著狗狗上下樓，也可以在樓梯旁邊搭每階高度差比較小的樓梯，降低狗狗的脊椎和其他關節傷害。

• 爬樓梯容易造成狗狗椎間盤突出

臉部不對稱？

| 可能原因 |

- 皰疹病毒
- 外傷
- 腦神經病變
- 其他不明原因

| 檢查項目與治療方式 |

- 神經檢測
- 疼痛指數檢測

一般我們在看診時，臉部的對稱，就是看牠臉部有沒有歪掉或者說斜了。

以狗狗來說，中風的機率是比較少，反而是顏面神經受損會比較多，造成動物顏面神經受損的原因大部分都是不明的，其他比較常見的原因則是皰疹病毒侵犯到神經，造成損傷，還有就是外傷所造成的神經損傷。最嚴重的是腦部裡面產生的病變，造成牠顏面神經受損，就要從神經修復來著手。

如果是顏面神經的損傷，牠一邊臉是不會動的，例如一般嘴皮都是上揚的，那如果說一邊掉下來，口水會流下來，然後就是表示牠的顏面神經有受損。

就醫時，除了神經檢查以外，就是看疼痛指數，看牠臉部左右兩邊對疼痛的感覺一不一樣？如果說不一樣，就表示牠神經是麻痺的，就會使用一些藥物，慢慢讓牠恢復到正常，但還是要看牠神經的受損程度而定。

另外，我們只能根據牠的臨床症狀，用覺得對牠是有幫忙的藥物，例如提供含有維生素 B 群給狗狗服用，持續服用一到兩個月，看看牠的神經能不能恢復到正常狀態。

如果狗狗服用 B 群之後，仍然沒辦法回到正常狀態，就要進行核磁共振或是斷層掃描，檢查是不是有其他疾病。

• 狗狗嘴皮下垂，可能是顏面神經受損

特別收錄

除了一般疾病之外，
當狗狗發生緊急情況時，
應該如何處理呢？
目前狗狗可以進行的微創手術應用範圍和優缺點又是哪些？
一起來瞭解這些重要資訊，
守護牠的健康吧！

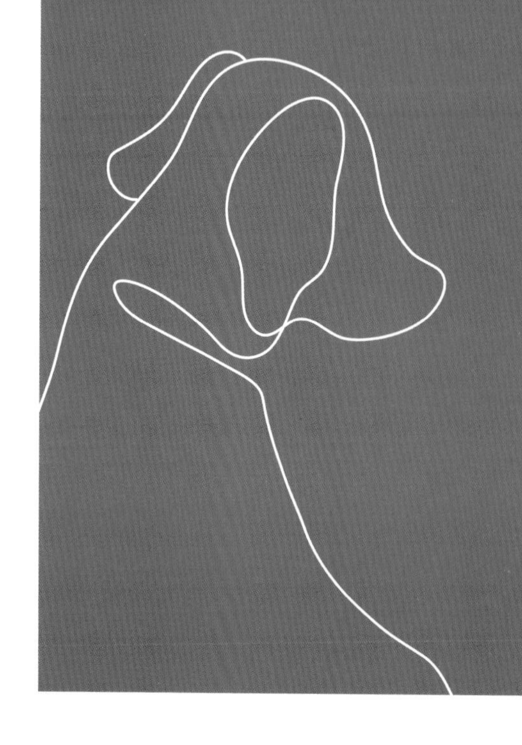

打造狗狗專用急救箱！緊急情況的正確 SOP

狗狗誤吞異物、車禍、骨折、皮肉傷等緊急狀況，第一時間飼主該怎麼處理呢？在不同狀況下，醫院方面可能做出哪些處置呢？立刻補充知識，為愛犬打造專用急救箱吧！

1. 皮肉外傷、骨折

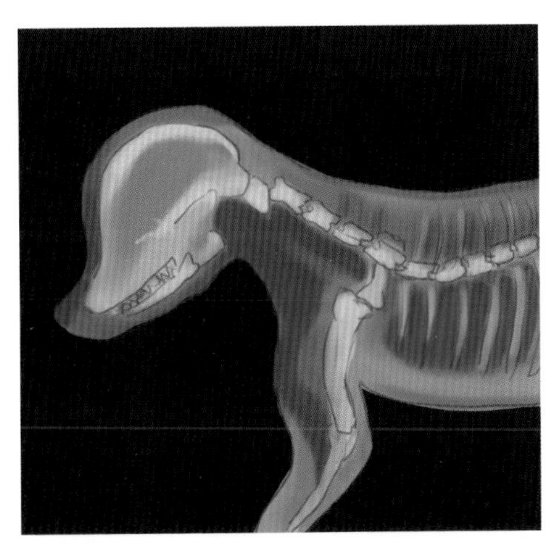

如果狗狗是皮肉外傷，首先要儘量保持傷口乾淨，如果是骨折，甚至看得到骨頭的話，也一樣，儘量保持傷口乾淨，趕快把牠帶到動物醫院來，不過問題是當你在抱小狗來的過程中，因為牠很疼痛，所以可能會咬你，這時候你可以幫牠戴個頭套，或是請人把他的頭部遮住，讓牠不要看見你要碰觸牠的傷口，避免牠出現攻擊反應，然後趕快把狗狗帶到動物醫院。

來到動物醫院後，第一個我們一定是先幫狗狗清理傷口，再來是止痛，接著再使用急救藥物。

2. 誤吞異物

不管狗狗誤吞什麼異物，帶到醫院看診時，首先我們會趕快幫牠照內視鏡，把體內的異物夾出來，甚至如果有尖銳物，要在體內就直接做剪斷。

上次我們醫院有個病例是吞到了潔牙骨，潔牙骨卡在狗狗身體裡面一個禮拜，後來造成食道破掉；也有遇過狗狗吞魚鉤的例子，不過通常吞骨頭會比較多，或是吞玉米梗這類的。

如果異物一直留在體內，例如留在腸道，可能會造成腸道壞死，要動手術把腸道整個拿出來、移除掉；如果停在食道，時間一長就會造成壓迫，讓食道破洞，如果再拖延下去，可能還會造成胸腔感染，就要動手術搭配接胃管，狗狗會很辛苦。

如果異物的位置是在胃部，我們一樣會用內視鏡進去看狀況大還是小。不過有些異物的重量太重，沒辦法直接用內視鏡取出來，例如我們有看過吞喇叭鎖的鎖頭的，幫牠從胃拿出來以後，過了幾個月牠又吞了一個鑰匙的頭，這些就只能幫牠動「開胃手術」，才能把異物順利拿出來。只要是動手術，一定都會先麻醉之後再做後續處理。

3. 中暑

小狗的正常體溫在 38 度左右，比人體約高 1 度，如果小狗中暑了，體溫會升高到將近 40 度。尤其長時間在太陽下散步、運動，因為小狗排汗功能很差，所以牠散熱都是靠嘴巴，當發現牠食慾下降、不停喘氣，甚至有嘔吐或腹瀉的情況時，很可能就是中暑了。

發現狗狗中暑時，隨時要注意

體溫，因為如果體溫持續上升使狗狗熱衰竭，就會進一步造成牠的腎臟損傷，其他器官也會跟著敗壞，因為溫度太高時，狗狗體內代謝需要的酵素都會無法作用。

狗狗中暑，要趕快用冷水幫牠擦拭皮膚，但是不能用沖洗的方式，因為如果一下溫度降太多，可能會引發其他致命的情況，可以大約五分鐘量一次肛溫，先讓牠整個體表溫度緩慢降下來，降到 39 度時就可以停止降溫的動作了，如果情況沒有改善，就要儘快帶到動物醫院。

最常見發生中暑情況得就是寒帶犬，或者剛進口進來，比如原本是在英國成長的狗狗，運到台灣來的過程中環境不通風，就容易出現中暑的問題，或者肥胖的狗狗，當你看到牠已經熱到喘不過氣來了，就會倒給你看。

4. 車禍

當狗狗發生車禍，只能趕快帶到動物醫院來，我們會以 ABC 急救法則 (Airway, Breathing, Circulation) 處理。第一個，A，就是讓牠的呼吸道保持通暢，第二個，B，就是吹氣幫助牠呼吸，C 的話就是維持牠的呼吸循環，如果發現沒有辦法循環，就要趕快進行 CPR，有時候還有 D(Drug)，就是給予急救藥物。在急救的過程，點滴要先上，如果急救時發現狗狗需要做插管，插管進去以後，要看管子流出來的是水？還是血？尤其是車禍撞擊到胸腔的狗狗，插管時很可能會流出血，表示肺臟正在出血，那就沒有救了，因為我們沒有辦法將氧氣打到肺臟裡面去，表示預後（以狗狗當前的狀況，推估經過治療後可能的結果）會不好。

車禍撞擊要看牠被撞擊到哪個部位，一般來講，狗狗受到撞擊會疼痛，當牠疼痛的時候，血管一定會收縮起來，當血管收縮起來的時候，血液循環就會減少，如果狗狗受到的撞擊很劇烈，就容易形成血栓。再來就是要觀察牠肌肉受損的程度，因為肌肉受損會影響到腎臟功能。

如果是撞擊到心臟，到醫院後，就要檢查牠心肌有沒有受損、有沒有氣胸、血胸，如果狗狗一直是喘不過氣來的，預後上就不是很OK。

如果狗狗是撞擊到腹部，會先做超音波，看看肝臟、脾臟、膀胱、膽囊是否有破裂，如果是脾臟破裂，就要動手術將脾臟整個摘掉；比較常見的案例是小狗很快樂出去尿尿，尿還沒撒完就被車子撞了，膀胱迸！的破掉，通常還會伴隨骨盆破裂的情形。膀胱破裂會造成尿灼性腹膜炎，膽囊破裂雖然不會造成狗狗死亡，但會一直在體內發炎。

如果失血太嚴重，我們甚至要輸血。問題是目前並沒有貓狗專用的血庫，所以都是等到有需要的時候，我們才去看牠的血液相容性，因為貓狗也有血型的分別。另外，如果狗狗是第一次接受輸血，我建議先送到有24小時照顧的動物醫院，因為一整天都有人看顧，等牠的生命跡象穩定下來後，再轉到比較信任的動物醫院，雖然費用會高一點，但是對狗狗而言會是比較安全的作法。

另外，我們都不太建議小狗在緊急狀態下做檢驗，因為很可能出現檢驗數據看起來都正常，但是過兩天後數據就不一樣了，所以我們會先讓牠休息，之後再進行檢測。

因車禍所導致的肝臟或膽囊破裂，會先用超音波檢查破裂範圍與出血情況，建議儘早手術以止血。而一般來說，狗狗手術所需要的血，通常會請朋友或是院內所飼養的狗狗進行血型配對後再提供。

5. 被其他狗狗咬傷

如果是被其他狗狗咬傷，處置上也是一樣的，都是要先維持ABC，也就是呼吸道暢通和呼吸循環，如果是血管破裂，就需要主人先直接加壓幫他止血。

一般來講，狗狗的習性是咬住以後會甩，皮會掀起來，所以會造成對方的肌肉撕裂傷，有時候甚至會看到肚子、胸腔內部，甚至腸子跑出來都有可能，不過一般都是咬脖子，這就容易造成氣胸、皮下氣床，如果甩出去、撞到胸腔，就可能造成肋骨斷裂、形成氣胸，被其他動物咬傷的情形，還是要看當下的狀況如何再處理，剛剛提到的都是比較緊急的情況。另外還有低血糖、糖尿病的酮酸症也是比較緊急的。

6. 胃扭轉

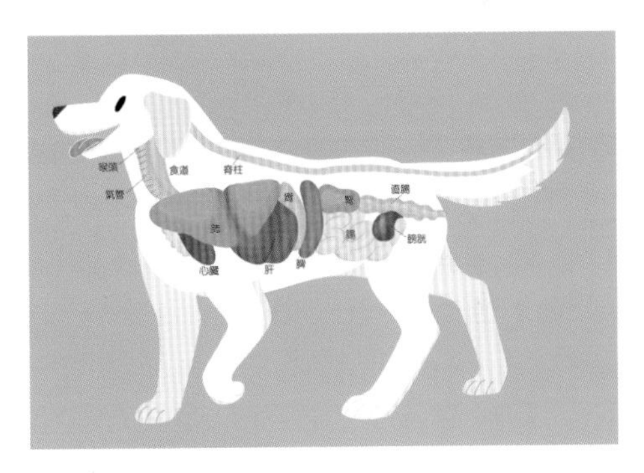

• 狗狗胃部位置圖

胃扭轉是特別容易發生在中、大型犬的緊急情況。一般是因為狗狗吃完飯後蹦蹦跳、大量活動，造成胃整個翻轉，也就是胃扭轉。在X光下可以看到一個倒C的形狀，胃連結其他器官的韌帶鬆了，就會造成脹氣，如果脹氣的時間久了，就會造成胃壁的壞死，狗狗就需要做胃壁切除手術。另外，因為胃部旁邊就是脾臟，所以也可能連帶造成脾臟扭轉，甚至連脾臟也要摘除，屬於很危險的情況。

胃扭轉的急救手術，就是趕快把裡面的氣體通出來，讓胃的位置恢復正常，但這個手術要做胃固定，胃固定屬於一個急診手術，死亡率相當高，手術後要讓胃部修復，至少要禁食一天，接著再慢慢給狗狗液體食物，以能快速通過胃的食物為主，再慢慢恢復到正常飲食。

血糖數值低於 60mg/dL 就是低血糖，這時要快速給予糖。糖尿病惡化就會出現酮酸症，要調整體內，達到酸鹼平衡。

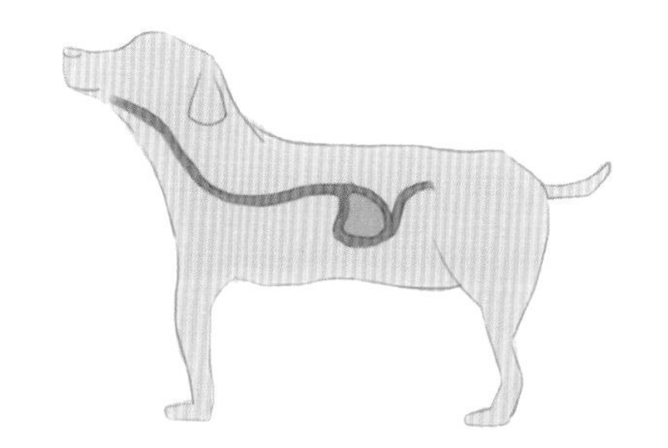

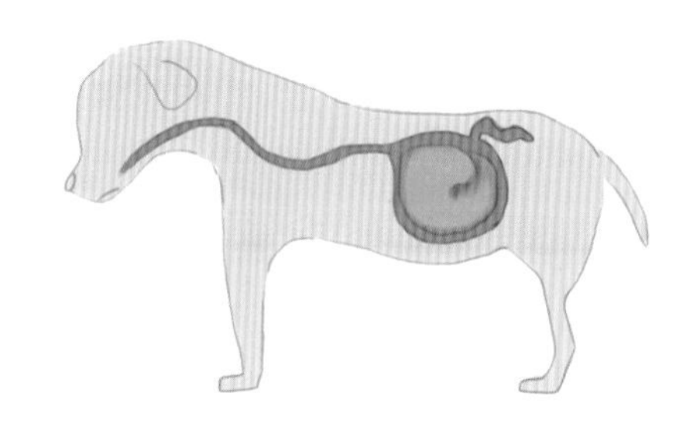

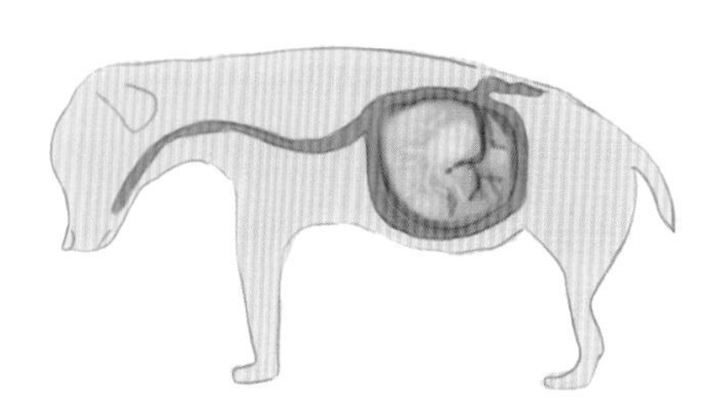

• 狗狗發生胃扭轉的過程

微創手術

一般人會認識微創手術，大部分是幫母狗做絕育（結紮）的時候，因為絕育手術可以預防狗狗的子宮系統出現乳癌。微創手術應用的範圍還有很多，以腹腔的部分來說，例如公狗的隱睪症、膽囊摘除、腫瘤的採樣和切除、腸道取出異物、膀胱結石、腎臟結石等等，然後像是腸吻合手術（一般用於有腸道壞死的情況）這種需要比較高端的技術的也可以。

除了腹腔手術以外，胸腔來講的話，比如像胸管結紮，或者裡面腫瘤的探索，就可以用微創的 10 倍鏡去看，例如可以清楚看到肺葉的狀態，也可以做錄影，就不用為了要看是什麼病去開一個大刀，也可以讓主人更瞭解狗狗身體狀況是如何。

比起傳統手術，微創手術的優點，第一是傷口小，所以術後小狗比較不容易去舔到傷口、造成細菌感染，再來是術後止痛藥的劑量也會減少很多，比較符合動物福利，最後是對飼主而言比較好照顧，就像人開完刀的當天就可以下床走路一樣，尤其如果是上班族，會希望說今天有時間，早上做完手術、下午就可以帶狗狗回家，回家以後也不用特別費力照顧，這樣就很 OK，對不對？

很多人關心的手術價差問題，以傳統和微創絕育手術來說，會按照狗狗的體重做區分，體型大、體重重的狗動微創手術的價格會高一點點。

現在隨著技術發展，微創手術能做的範圍也越來越多。像我們現在也持續在做流浪狗的絕育，就是微創絕育，很希望多一些獸醫師來學這一塊、來觀摩，把這個技術推廣出去。

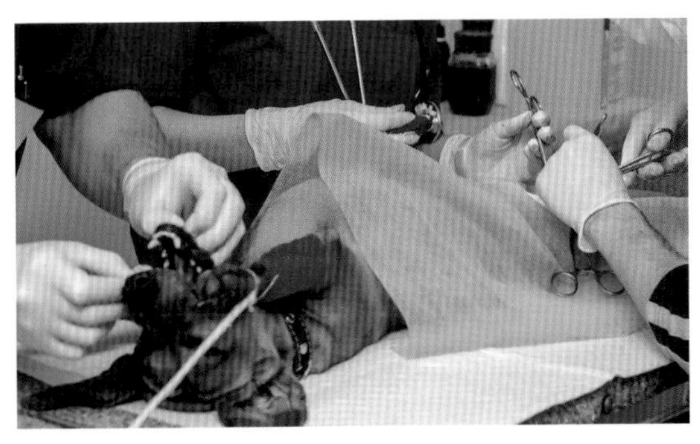

• 微創手術的優點是傷口小、術後恢復快

鼎澄生醫
給狗狗最需要的營養

Q10+ 高含量 B 群

第一鈣

晶立澄

鼎充明

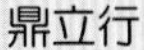

鼎立行

純春薑

維生素 D3(非活性) 800IU

維生素 C

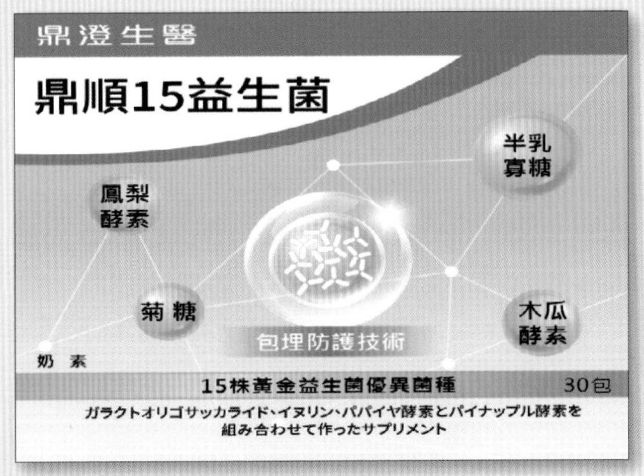

鼎順 15 益生菌

台灣廣廈 國際出版集團
Taiwan Mansion International Group

國家圖書館出版品預行編目（CIP）資料

狗狗身體求救訊號全圖解！/李衛民，魏資文，傳騏動物醫院作.
-- 新北市：蘋果屋出版社有限公司，2022.10
面； 公分
ISBN 978-626-96427-1-7(平裝)
1.CST: 犬 2.CST: 疾病防制

437.355 111012986

狗狗身體求救訊號全圖解

(附有聲內容音檔下載QR碼+狗狗照護速查手冊)

：權威獸醫師及專家教你從五官異常到行為出現改變，深入瞭解找出毛孩生病原因，早發現、早治療、及早預防！

作　　者／李衛民．魏資文．傳騏動物醫院
插　　畫／沐欣MuXin
封面設計／何偉凱
編輯中心編輯長／張秀環．**文字協力**／彭文慧
內頁排版／菩薩蠻數位文化有限公司
版面設計／林伽伃
製版．印刷．裝訂／皇甫彩藝．秉成

行企研發中心／陳冠蒨
媒體公關組／陳柔彣
綜合業務組／何欣穎
線上學習中心總監／陳冠蒨
產品企製組／黃雅鈴

發 行 人／江媛珍
法 律 顧 問／第一國際法律事務所 余淑杏律師．北辰著作權事務所 蕭雄淋律師
出　　版／台灣廣廈
發　　行／台灣廣廈有聲圖書有限公司
地址：新北市235中和區中山路二段359巷7號2樓
電話：（886）2-2225-5777．傳真：（886）2-2225-8052

代理印務．全球總經銷／知遠文化事業有限公司
地址：新北市222深坑區北深路三段155巷25號5樓
電話：（886）2-2664-8800．傳真：（886）2-2664-8801
郵 政 劃 撥／劃撥帳號：18836722
劃撥戶名：知遠文化事業有限公司（※單次購書金額未滿500元需另付郵資60元。）

■出版日期：2022年10月
ISBN：978-626-96427-1-7

FIRSTAID

狗狗基本資訊

狗狗名：
Dog's Name

生日：
Birthday

品種：
Breed

性別：
Sex

毛色：
Color

特徵：
Marks

飼主：
Owner

電話：
Tel.

地址：
Address

晶片號碼：
Microchip No.

狗狗的生理狀況

		幼犬	成犬
肛溫		38.5~39.3° C	37.5~39.0℃
心跳		每分鐘 110~120 次	每分鐘 70~120 次
呼吸		每分鐘 20~22 次	每分鐘 14~16 次
		每吸氣一次算呼吸一次， 正常情況每分鐘呼吸次數應小於 30 次	
生殖資料	第一次發情年齡	公犬：5~7 個月大 母犬：7~9 個月大	
	發情期	7~42 天	
	動情周期	每次發情間隔 5~8 個月，平均間隔 7 個月， 懷孕不影響動期周期	
	懷孕期	58~71 天，平均 63 天	
	胎數	大型犬：每胎 8~12 隻 中型犬：每胎 6~10 隻 小型犬：每胎 2~4 隻	
	哺乳期	3~6 週	

狗狗的身體狀態指數 BCS (Body Condition Score)

BCS				
1 過瘦 理想體重的 85%以下	2 體重不足 理想體重的 86～94%	3 理想體重 理想體重的 95～106%	4 體重過重 理想體重的 107～122%	5 肥胖 理想體重的 123～146%
光是從外觀就能看到狗狗肋骨、腰椎的形狀，從上方看，腰部和腹部明顯內縮，身上幾乎沒有脂肪。	可以輕易摸到狗狗的肋骨，從上方看，腰部和腹部明顯內縮，外觀看起來只有些微脂肪包覆著。	能摸得到肋骨，但外觀看不見肋骨形狀。從上方看可以輕易看出腰部的位置，側面看則會發現腹部往尾巴的線條明顯往上提。	幾乎摸不到肋骨，其他部位的骨骼構造也是勉強才摸得出來，外觀看起來被更多脂肪覆蓋，側面看腹部到尾巴的線條只有微微往上。	外觀被厚厚的脂肪覆蓋，看起來圓滾滾的，完全摸不到牠的骨頭了。

不只是吃得太多可能造成肥胖，狗狗在糖尿病初期，或者有甲狀腺低下的問題，也會影響代謝，變得越來越胖，請爸媽多留意狗狗的體重變化，這也是獸醫師問診時需要飼主提供的重要資訊。

• 幫狗狗定期拍照，有助於觀察牠的體型變化

認識狗狗的牙齒

牙齒數量	乳齒 28 顆、恆齒 42 顆 ◎狗狗一生有兩副牙齒，第一副是乳齒，約 2.5~3 個月大時長齊，第二副是恆齒。狗狗的乳齒在 5~8 個月大時會全部換掉，並長出新的永久齒（恆齒）。幫狗狗刷牙時可以順便注意，乳齒如果沒有掉落，恆齒也在同一個位置長出來的話，就要諮詢獸醫師做拔牙手術，否則容易造成牙周病和咀嚼上的問題。
長出乳齒的時間點	門齒：3~5 周大時 犬齒：3~6 周大時 前臼齒：4~10 周大時 ◎其餘的臼齒在恆齒時期 (狗狗 5~8 個月大時) 才會長出來

狗狗疫苗懶人包

狗狗什麼時候要打疫苗呢？

狗狗剛出生時，還留有母體提供的抗體保護，不過保護力大概在 8~12 週大之後就會漸漸衰退，所以要接種疫苗，以提升幼犬本身的抗病力。此外，比起後續為了治病花費龐大的醫療費用，施打疫苗相較之下，對於狗狗的健康、飼主的荷包而言，是較為省錢省力、有效且安全的做法。

關於狗狗疫苗施打的時間點，分為兩階段，包含第一次施打疫苗的「基礎疫苗階段」，以及後續每年施打的「後續補強階段」：

疫苗階段	基礎疫苗 第 1 劑	基礎疫苗 第 2 劑	基礎疫苗 第 3 劑	後續補強疫苗
施打時間	6~8 週大時	與第一劑間隔 3~4 週	14~16 週大 時施打	每年施打一次

狗狗疫苗種類與費用

世界小動物獸醫協會 WSAVA 發展出一套適合全世界貓狗的《犬貓疫苗注射指南》，其中訂定了狗狗的**「核心疫苗」**，也就是「無論在什麼地區、什麼情況下，狗狗都要接受注射的疫苗」，可以保護狗狗免於高危險、高致死率的疾病，其中包含三種疫苗：**犬瘟熱（犬瘟熱疫苗）、犬出血性腸炎（犬小病毒疫苗）、犬傳染性支氣管炎（犬腺病毒疫苗）**。此外，由於台灣仍然屬於狂犬病疫區，所以還需要施打**「狂犬病疫苗」**，因此在台灣，每隻狗狗都應該定期施打以上四種疫苗，也就是「強制性疫苗」，近年仍有飼主因未幫愛犬打狂犬病疫苗而被開罰。

其他常見的犬隻傳染病，例如：**犬傳染性肝炎、犬副流感病毒、犬冠狀病毒腸炎、鉤端螺旋體病、萊姆病**等，都是依照地區性的流行情況做選擇，屬於「非核心疫苗」。

目前國內大多以施打多價疫苗為主，也就是常聽到的「五合一、七合一、八合一」疫苗（施打一劑就能預防N種傳染病），另外也有單價疫苗，也就是一劑只能預防一種傳染病的疫苗，例如：狂犬病疫苗。

一張圖搞懂狗狗疫苗種類 & 費用

十合一	八合一	七合一	五合一	
				犬瘟熱（核心疫苗）
				犬出血性腸炎（核心疫苗）
				犬傳染性支氣管炎（核心疫苗）
				犬傳染性肝炎
				犬副流行性感冒
				犬出血型鉤端螺旋體症
				犬黃疸型鉤端螺旋體症
				冠狀病毒腸炎
				感冒傷寒性鉤端螺旋體症
				波莫那鉤端螺旋體症
其他疫苗				狂犬病疫苗（核心疫苗）
				萊姆病疫苗

◎除狂犬病外，幼犬第一年施打需接種 3 劑才完成「基礎免疫」，滿一歲後每年皆需接種一劑，以維持免疫力。

看到這裡有點霧煞煞了嗎？雖然疫苗有很多種分類方式，但飼主只要記得一定要讓愛犬施打「核心疫苗」，也就是至少施打「五合一」＋「狂犬病」疫苗，再針對自家生活環境和狗狗習性決定是否要增加為「七合一、八合一甚至十合一」。

狗狗打疫苗前要注意的事

・**若狗狗有明顯不適**：打疫苗前，如果狗狗有感冒徵兆，或者任何不適的情形，必須先讓獸醫師看診，等身體康復後再安排施打。

・**注射前徵詢獸醫師**：即使是看起來身體健康的狗狗，也建議飼主向獸醫師諮詢，協助評估生活環境、習性以及狗狗的實際健康狀況後，再安排最符合的預防注射。

・**剛帶回家的狗狗**：如果是剛剛帶回家飼養的狗狗，建議給牠一到兩週的環境適應期，並確認狗狗身上沒有潛伏的疾病後，再接受疫苗注射。

・**選擇可靠的產品**：留意疫苗品牌與有效期限。

狗狗打疫苗後要注意的事

・**可能出現不良反應**：

注射後半小時～ 1 小時內	注射後 3 天內
和狗狗待在醫師可監控範圍內，確認狗狗沒有口、鼻、臉部紅腫，或發燒、嘔吐、呼吸困難等過敏性休克症狀。	可能出現注射部位紅腫、痠痛、活動力和食欲降低，一般在 3 天後就會恢復正常。如果狗狗超過 1 週持續不適，或者有臉部腫起的情況，就要儘速就醫。

・**幼犬接種三劑疫苗前避免外出**：幼犬施打第一劑疫苗後，儘量在間隔四週內施打第二劑，第三劑也依此類推，由於幼犬在接受三劑疫苗後才會產生較完整的抗體，因此這段期間儘可能避免外出，以免感染。

・**一週後再洗澡，兩週後再外出**：成犬注射完疫苗兩週後才會產生完全的抗體，此時要避免做會給予狗狗刺激的事情，例如更換飼料或居住環境、接觸其他狗狗，另外也要注意保暖，並且兩週後再外出。

狗狗常見傳染疾病

死亡率接近 100% 的「狂犬病」

屬於一種急性病毒性腦炎，死亡率接近 100%。

感染對象	所有哺乳類動物，包含人類、狗、貓等，以及部分野生動物如蝙蝠。
傳播方式	主要經由唾液傳染。被染病的動物咬傷後，病毒經由傷口周圍的神經往上入侵中樞神經而發病。
症狀表現	初期瞳孔會放大且畏光、食慾下降、不安，中期會出現恐水、攻擊性，變得愛撕咬且狂暴焦慮，接著咽喉部位慢慢麻痺，導致吠叫聲改變、無法吞嚥、不斷流口水及下巴下垂，末期狗狗會無法控制自己的行動、意識模糊，最後全身癱瘓、抽筋而死。
預防方式	狗狗滿 3 個月大就要注射第一劑狂犬病疫苗，之後則需每年打一劑。 ◎依動物傳染病防治條例規定，未完成預防注射者，將處 3 萬以上 15 萬以下罰鍰。 ◎台灣每年各縣市皆會辦理「全國狂犬病巡迴注射行程及預定辦理活動」，可至各縣市動物保護防疫處所網站瞭解施打日期、地點。
治療方式	若狗狗遭疑似狂犬病動物（目前台灣主要為鼬獾、白鼻心）抓傷或咬傷，飼主儘量記住該動物特徵以利獸醫師診斷，並用肥皂、大量清水沖洗傷口，再用優碘消毒傷口後儘速就醫。

• 狂犬病毒的傳染路徑

容易被誤以為感冒的「犬瘟熱」

屬於一種急性病毒性傳染病。死亡率達 80%，尤其對幼犬而言幾乎難逃一死。

感染對象	此病俗稱「狗瘟」、「麻疹」，感染對象為任何年齡的犬科動物。
傳播方式	主要由狗狗的分泌物、排泄物排出後，透過空氣四處擴散傳染，病毒從口、鼻進入下一個宿主體內，會侵害狗的呼吸道、消化道、皮膚，最後侵入神經系統。
症狀表現	由於此病有潛伏期，病情和一般感冒症狀接近，要特別注意，常見症狀為發燒、眼鼻出現水樣分泌物，咳嗽、拉肚子、嘔吐等，接著才有分泌物轉為黃色黏狀、食慾下降、精神不振、血便等情況，到了末期因為病毒侵入神經系統，狗狗併發腦炎、脊髓炎，會出現走路不穩、四肢麻痺、抽筋抽搐等症狀，最後死亡。
預防方式	主要還是靠強化狗狗的免疫系統，飼主務必定期施打預防疫苗，讓狗狗體內有足夠的抗體對抗此病毒。
治療方式	目前沒有針對此疾病的特效藥。此病病程長，飼主要有耐心陪伴狗狗對抗疾病。

• 犬瘟熱初期症狀和一般感冒接近，常見發燒症狀

引起嚴重上吐下瀉的「犬小病毒性腸炎」

屬於一種病毒性傳染病，又稱「犬出血性腸炎」，感染的犬隻會排出「血便」，具有非常高的傳染力。

感染對象	任何年齡的犬科動物。
傳播方式	犬小病毒經由狗狗糞便排出，再藉由其他狗狗舔食糞便而感染，該病毒多入侵腸胃道，導致宿主體內酸鹼不平衡而休克死亡。
症狀表現	初期常見症狀為發燒、食慾與精神不振、嗜睡，中期會持續拉肚子和嘔吐導致體重下降，且因病毒入侵腸道，使腸道受損進而排出具腥臭的血便，需儘速就醫否則狗狗將會引起急性脫水、休克而死。
預防方式	目前沒有特效藥，主要靠施打疫苗增加狗狗免疫力。在台灣犬小病毒疫苗屬於強制接種疫苗，幼犬約 7~9 週大時可注射第一劑疫苗，建議在施打完三劑疫苗的兩週後，即讓狗狗產生足夠的抗體後，才能帶牠外出，成犬後則每年施打一次即可。
治療方式	感染的狗狗要儘速就醫，院方會給狗狗打點滴補充水分及電解質，並提供止吐和止瀉劑等，整個病期約需 5 至 7 天的治療，待狗狗渡過危險期，還需要 2 到 4 週的療養才能復原。當狗狗停止上吐下瀉後，可以少量多餐地餵牠好消化的食物（或處方飼料）。

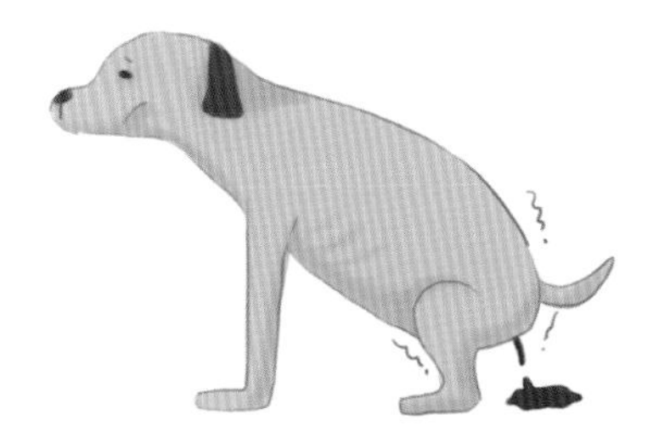

• 當犬小病毒入侵腸道，狗狗很可能排出血便

造成狗狗藍眼睛的「犬傳染性肝炎」

簡稱「犬肝炎」，屬於一種敗血性病毒性傳染病，急性者可能在 12~24 小時內死亡，死亡率為 10%~30%。

感染對象	任何年齡的犬科動物，但主要發生在 1 歲以內的幼犬。
傳播方式	由犬腺病毒第一型引起，傳染媒介包含血液、唾液、鼻涕、尿液、糞便等，或透過被媒介所汙染的器皿、衣物傳染，主要侵入狗狗的肝細胞及內皮細胞。
症狀表現	輕症的狗狗會出現厭食、劇渴而不斷喝水、精神不振、黃疸、貧血、體溫升高，發病約 7~10 天，且會因角膜水腫造成藍眼症，重症的狗狗喉嚨扁桃腺會明顯腫大、肝臟腫大而腹痛，甚至吐出帶血的胃液、拉血便。即使是痊癒的狗狗，也可能留下肝腎慢性病以及藍眼症。
預防方式	目前仍以腺病毒第二型疫苗 (不活化疫苗) 來預防此疾病，因其相較於使用犬傳染性肝炎活化疫苗，較不會對腎臟和眼睛造成傷害，預防效果佳且能同時預防犬舍咳。此疫苗屬於強制性疫苗，幼犬在 7~9 週大時即可注射第一劑。
治療方式	發病初期會以血清治療，但若為重症者則不一定有效。

• 犬傳染性肝炎可能造成永久性的角膜水腫，即藍眼症。

可能造成嚴重併發症的「犬冠狀病毒腸炎」

屬於一種出血性病毒性傳染病，主要症狀是突然上吐下瀉，因可能有嚴重併發症使得此疾病死亡率接近 90%。

感染對象	任何年齡的犬科動物，此種冠狀病毒對人類無傳播性。
傳播方式	犬冠狀病毒透過糞便、嘔吐物，以及被糞便汙染的食物或器具傳播，因此住在一起的狗狗很容易互相感染。
症狀表現	症狀和犬小病毒性腸炎接近，特點為嘔吐、拉肚子、發燒，且便便的顏色為伴隨惡臭的淡橘色，便便型態從軟便、半固體狀伴隨泡沫、水樣噴射狀都有可能。
預防方式	幼犬在滿 6 週大以上就可以施打第一劑冠狀病毒腸炎疫苗，沒有機會吸食母乳的狗狗，因為本身免疫力較低，可以提早施打，建議同時施打犬小病毒疫苗，降低引起嚴重併發症的風險。
治療方式	剛開始會讓狗狗禁食，透過打點滴的方式補充營養，並提供藥劑緩解上吐下瀉的狀況。建議飼主家中以稀釋漂白水進行徹底消毒，以免後續再次感染。

• 犬冠狀病毒腸炎會導致急性上吐下瀉。

傳染力達到 100% 的「犬舍咳」

又稱為「犬傳染性呼吸道疾病」。雖然是高致病率、低致死率的疾病，但如果發生在未施打疫苗的幼犬身上，則非常容易致死，成犬則可能發展成慢性支氣管炎。

感染對象	任何年齡的犬科動物，尤其是幼犬。
傳播方式	病原主要為博德氏菌（Bordetella bronchiseptica），靠飛沫與空氣傳播，是犬舍中最主要的呼吸道傳染病，即使狗狗沒有跟其他狗直接接觸，也可能因去寵物美容或寄宿而感染。
症狀表現	感染潛伏期約為一週，症狀則可持續數天至數週，主要症狀為突發性乾咳，狗狗會發出乾又粗糙的叫聲和異常呼吸聲，主人可能會誤以為是狗狗誤吞了異物。另外可能還伴隨乾嘔、嘔吐，甚至引起突發性肺炎或全身性的症狀。
預防方式	目前施打疫苗是最佳的預防方式，雖然犬舍咳疫苗屬於「非核心疫苗」，但因為此疾病傳染率極高，如果是會定期進行寵物美容或可能入住動物旅館的狗狗，都建議施打。
治療方式	目前沒有公認的特效藥，獸醫師會針對症狀開止咳藥、抗生素給狗狗，也建議飼主家中以稀釋漂白水進行徹底消毒，若家中還有其他狗狗，就必須和病犬隔離，此外，建議不要使用項圈，以免壓迫狗狗的頸部增加呼吸障礙，可改用胸背帶。飼主洗澡後，可以讓狗狗呼吸浴室的潮濕空氣，使狗狗的呼吸道濕潤，有助於降低咳嗽的頻率。

「犬傳染性支氣管炎」

又稱為「哮喘病」，為犬呼吸道疾病的統稱，屬於容易在短時間造成狗狗死亡的疾病之一。

感染對象	任何年齡的犬科動物，尤其是幼犬。
傳播方式	由犬腺狀病毒第二型引起，狗狗常會與副流行性感冒病毒一同感染，主要藉由空氣傳播。
症狀表現	此病潛伏期約 5 至 10 天，特徵是狗狗常常忽然一陣嚴重乾咳，不過體溫大多正常，可能伴隨昏睡、發燒、食慾下降等症狀，症狀約持續 10 至 20 天。
預防方式	由於致病原因可能為細菌或病毒，並非針對單一病原預防即可，所以目前施打疫苗是最佳的預防方式。
治療方式	◎請醫師補充，目前查詢資料和「犬舍咳」的症狀幾乎一致，這兩種病如何區分？

「犬副流行性感冒」

屬於高致病率、低致死率的疾病，也是引起犬舍咳的主要元兇之一。

感染對象	亦可感染貓、牛、豬、猴與人的細胞，但以犬為主要感染對象。
傳播方式	犬副流行性感冒病毒，主要飛沫及其他口鼻分泌物傳染，會破壞呼吸道上皮細胞與黏膜的防禦機制，因此容易引發其他呼吸道相關的病毒感染。
症狀表現	症狀主要為水樣鼻涕、咳嗽，以及輕微發燒、扁桃腺發炎，可持續數天至週之久。

預防方式　目前施打疫苗是最佳的預防方式。

治療方式　由於很容易引發其他呼吸道疾病，因此每隻狗狗的症狀不大相同，獸醫師主要以採集鼻分泌物來檢查與確診，並針對症狀緩解提供藥劑治療。

帶狗狗到戶外要提防「鉤端螺旋體症」

屬於細菌性傳染病，此菌外觀似螺旋狀因而得此名。犬隻被感染的發病率約 70%，致死率約 20%。

感染對象　人和溫血動物，如狗、老鼠等，且人、狗之間可能互相傳染，不過人類的感染率較低。

傳播方式　透過被感染個體的尿液排出，汙染環境、飲水、食物，狗狗可能因為飲水、游泳、涉水而感染。由於這類細菌可在靜止的水窪、濕潤的泥土中存活長達幾個月，很容易傳染給其他動物個體。

症狀表現　「鉤端螺旋體」是一類細菌的統稱，其包含的菌種很多，在台灣常見的病原菌有以下四種：「犬型」、「出血性黃疸型」、「澳洲型」、「台灣特有型」，每一種病原攻擊的器官和引發的併發症各不同，因此表現症狀也不一，不過初期 (感染兩週內) 較常出現發燒、嘔吐、食慾不振、拉肚子等像是感冒或腸胃道疾病的症狀，因此容易被飼主輕忽。

感染中期，細菌大量散布在血液中，攻擊全身器官，尤其肝、腎最為常見，嚴重者可能引發急性腎衰竭、胰臟炎、肝炎、肺炎、眼睛葡萄膜炎，出現結膜出血、黃疸、呼吸困難等症狀。

預防方式	因為此類細菌多生存在靜止的水源中，所以請避免在大雨、颱風過境後帶狗狗外出，並保持家中環境清潔。 目前主要預防方式仍以定期施打疫苗的效果最佳，在台灣此疫苗屬於強制性疫苗，建議幼犬滿 8~10 週大時即可注射第一劑；成犬建議在颱風季之前，每年 4~6 月之際施打，可以讓狗狗有較好的免疫力。
治療方式	帶狗狗到野外玩耍後，如果發現牠有類似感冒或腸胃炎的情況，就要帶狗狗就診，檢查上要進行血檢、快篩等，治療上則視被入侵的器官與受損程度而定。 ◎如果飼主接觸染病的狗狗，也可能出現與感冒、腸胃炎相似的症狀，嚴重也可能發展成腦膜炎，因此在照顧狗狗時，建議穿戴防護衣物，避免直接接觸狗狗的尿液、唾液、確實洗手消毒，尤其此病菌在狗狗康復後仍可能從其尿液排出，因此必須長期維持家中清潔。

• 建議雨天儘量不帶狗狗出門，以免因為飲水感染鉤端螺旋體症

狗狗常見體內寄生蟲

心絲蟲

・不會傳染給人類

感染來源

蚊子叮咬感染心絲蟲的狗狗後，心絲蟲幼蟲會在蚊子體內成長，再次經由蚊子叮咬傳染給健康的狗狗，心絲蟲成蟲會寄生在狗狗的右心室及肺動脈，再產下幼蟲，經由血液擴散到全身。

症狀表現

心絲蟲幼蟲在狗狗體內約 4~6 個月才會發育為成蟲，在這之前較不會有明顯症狀，當成蟲寄生到心臟及肺動脈時，狗狗會漸漸出現精神不振、食慾減退、咳嗽、呼吸困難，甚至咳血的情況，若未治療則會因心肺功能衰竭而死。

治療方式

目前治療成功率可達 95%，以口服藥物為主，但視病情也可能需要服用抗生素甚至進行手術，此外，以避免增加心肺負擔。感染心絲蟲的狗狗必須避免劇烈運動。

蛔蟲

・人畜共通疾病

感染來源

狗狗可能因為不小心吃到蟲卵而感染，此外，蛔蟲也會經由懷孕母犬的胎盤或子宮移動至狗寶寶體內，主要寄生在狗狗的腸道，容易從排出的便便或嘔吐物中看見蟲體。

症狀表現

蛔蟲雖然不會直接危及狗狗的生命，但會因為大量繁殖而阻塞狗狗的腸道，使腸道無法正常消化食物，造成狗狗營養不良，以及嘔吐、脹氣、拉肚子等症狀。

治療方式

一般以口服驅蟲藥為主，若狗狗的腸胃系統已無法自然進食，就要考慮動手術或裝鼻胃管的方式補充營養。

鉤蟲

- 人畜共通疾病

感染來源	經由皮膚接觸、母犬的胎盤或狗狗誤食受汙染的食物而感染，會吸附在狗狗的小腸或十二指腸的微血管上，吸取其血液。
症狀表現	食慾減退而消瘦、貧血、嘔吐、拉肚子等狀況，糞便可能帶有黏液甚至出現血絲，毛髮也可能變得粗硬無光澤甚至脫落，若未及時治療，會造成狗狗嚴重貧血。
治療方式	以藥物為主，多數對心絲蟲有效的藥物，也可以消滅蛔蟲和鉤蟲。

條蟲

- 人畜共通疾病

感染來源	經由跳蚤傳染，狗狗被跳蚤咬後皮膚會發癢，狗狗舔患處時就會將含有條蟲幼蟲的跳蚤吃進體內，條蟲幼蟲會吸附在宿主的腸壁，吸收腸道內的營養。
症狀表現	食慾減退、變得消瘦、嘔吐、拉肚子等狀況，狗狗也可能因為肛門口發癢而一直磨蹭屁屁。
治療方式	以藥物為主，目前市面上有一個月投藥一次，或者三個月投藥一次的產品。

- 受條蟲感染的狗狗會因肛門口發癢而一直磨蹭屁股

球蟲

・人畜共通疾病

感染來源

清潔不佳的環境或籠舍，較容易成為感染球蟲的媒介，狗狗吃下帶有球蟲卵囊的食物或飲水進而感染。

症狀表現

三個月以下的幼犬是高危險群，可能造成出血性腸炎而死亡。成犬則大多數無症狀，可以靠自身免疫力克服，不過少數仍可能出現食慾減退、體重減輕、拉肚子等狀況。

治療方式

以口服藥物治療為主，此外，建議使用稀釋過的「四級胺」（化工行標示為「BKC」或「苯基氯卡氨」）來清潔居家環境，其驅蟲效果比漂白水更好。

焦蟲

・可感染人，但人可不治療、自行痊癒。

感染來源

主要透過體外寄生蟲壁蝨傳染到狗狗身上，焦蟲存在於壁蝨的唾液中，當壁蝨叮咬狗狗時，焦蟲就會轉移寄生在狗狗體內的紅血球上，

症狀表現

焦蟲會破壞紅血球，導致狗狗貧血、倦怠、食慾下降、發燒、尿液呈現褐色、肝脾腫大，甚至出現共濟失調 (平衡失調)、癱軟無力等症狀。

治療方式

以驅蟲藥為主，或搭配抗生素一同治療，但很難完全驅除狗狗體內的焦蟲，當狗狗免疫力下降時就可能再復發，最重要的是避免狗狗再受到壁蝨叮咬。

狗狗常見體外寄生蟲

疥癬蟲

・人畜共通

感染來源	疥癬蟲屬於塵蟎類的寄生蟲，肉眼無法看見，經由狗狗直接接觸到蟲體而傳染，疥癬蟲會直接鑽入狗狗皮膚深達真皮層，因真皮層有許多神經而引起嚴重發癢。
症狀表現	開始不斷搔癢，初期會在臉部、耳朵外緣，肘部、後踝關節等，後來慢慢擴及全身，漸漸出現脫毛、結痂的情況，也由於狗狗不斷搔癢，容易轉變成皮膚炎，或者造成傷口細菌感染而化膿，甚至出現惡臭。
治療方式	需長期治療，先以消炎、止癢藥物來抑制狗狗搔抓的情況，並搭配驅蟲藥，居家環境也必須消毒，並讓狗狗避免接觸其他動物。

毛囊蟲

・不會傳染給人類

感染來源	人類和狗狗的健康皮膚本身就有少量毛囊蟲存在，其寄生在皮膚毛囊、皮脂腺當中，但是當狗狗免疫力較差時，毛囊蟲會大量繁殖侵占毛囊，造成毛囊發炎。不過毛囊蟲只會透過母犬懷孕傳染給小狗，與其他狗狗接觸並不會互相傳染，也不會傳染給人類。
症狀表現	初期狗狗的口、鼻、眼附近會出現脫毛、紅腫、起疹子，重症則會擴及全身出現大量脫屑，狗狗可能因為患處發癢、不停啃咬而引發脂漏性皮膚炎。
治療方式	注射型及口服型藥物皆有，因為毛囊炎引發的皮膚炎症狀則需要另行治療。 ◎是否人畜共通，請醫師確認

耳疥蟲

・不會傳染給人類

感染來源	狗狗接觸感染的狗狗或其他動物而感染，為主要寄生在耳道內的塵螨類寄生蟲，以耳道內的組織碎屑作為營養來源。
症狀表現	雖然不會直接對狗狗造成傷害，但耳疥蟲在耳道移動的過程中，會使皮膚劇烈發癢，狗狗就會開始不停搔抓耳朵周圍、搖頭甩耳，使得耳朵附近脫毛、出現傷口、結痂，甚至出現耳血腫的情況。
治療方式	以口服藥或耳朵滴劑治療，療程約一個月左右。

跳蚤

・人畜共通。

感染來源	跳蚤可能沾附人類的衣物、鞋子上，無意間就帶回家，由於狗的體溫比人高，而跳蚤會優先選擇體溫高的動物來寄生，所以即使狗狗沒出門，也可能受到跳蚤侵襲。除此之外，跳蚤也是絛蟲的傳染媒介。
症狀表現	由於跳蚤唾液中的蛋白會引發狗狗身體免疫反應（即過敏反應），因此被跳蚤叮咬的狗狗會皮膚發癢，開始不斷搔抓皮膚，導致搔抓處出現傷口，或者一直咬自己的毛髮導致脫毛。
治療方式	很難徒手拔除所有狗狗身上的跳蚤，且成蚤不吃不喝也能存活一年，加上繁殖力強且快速，因此並不容易完全消滅。治療與預防跳蚤的方式，目前仍以使用口服藥或滴劑驅蟲為主，在狗狗出門前則可先噴上防蟲噴劑防護。

壁蝨

- 不會傳染給人類

感染來源	壁蝨主要生活在草叢中，當狗狗到野外玩耍靠近時，壁蝨感受到狗狗的體溫就會跳到其身上，壁蝨可以刺穿宿主的皮膚吸血，靠著血液存活，其本身也是許多血液寄生蟲的傳染媒介，例如焦蟲就存活在壁蝨的唾液中，因此狗狗也可能因壁蝨寄生而感染焦蟲病。
症狀表現	壁蝨口器穿透狗狗皮膚的同時會分泌一種物質，導致狗狗皮膚過敏，狗狗會去搔抓皮膚而造成傷口，進一步可能導致細菌感染，不過更嚴重的是壁蝨帶來的體內寄生蟲，可能造成焦蟲症（厭食、發燒、肝臟及脾臟腫大）、萊姆病（跛腳、發燒、食欲不佳、心臟疾病）、艾利希氏體症（食慾不振、嗜睡、流鼻血、心臟、肝臟衰竭）。
治療方式	除了靠驅蟲藥劑，也建議飼主直接讓獸醫師協助移除狗狗身上的壁蝨，由於母壁蝨身上帶有蟲卵，若是飼主自行移除時不慎捏爆壁蝨，可能導致更多蟲卵釋出。

李醫師小叮嚀

消滅寄生蟲的居家好用清潔劑——四級氨

四級氨屬於化學藥品，以目前的研究報告來說，對人和狗狗的傷害性很低，而且無色無味，也比較不傷手，很適合稀釋後當作居家清潔劑使用。化工行通常會將四級氨標示為「BKC」或「苯基氯卡氨」，沒有稀釋過的四級氨會是稠狀的液體。

建議將四級氨稀釋一千倍使用 (四級氨：水＝ 1:1000)」，可以噴在家裡地板、寵物籠、寵物用品上，靜待 10 分鐘後再用清水擦拭，不僅能殺菌還可以消臭，例如以犬體內寄生蟲球蟲來說，四級氨的除菌效果比漂白水好得多。

狗狗哪些狀況需要補充營養素

病　　症 **腸胃道疾病**

對應營養素 **益生菌**

在市面上最常看到的狗狗營養補充品，大概就是益生菌，像人腸胃道的益生菌就有好多種，狗狗體內也同樣有許多種腸道益菌，比如龍根菌、乳酸桿菌等等。

一般飼主可能會覺得我的狗狗沒有異常，為什麼要吃益生菌？

這是因為狗狗腸道裡面有好菌和壞菌，當免疫力下降，壞菌就會多於好菌，吃益生菌可以幫助維持好菌的量。現在給小狗的飼料來源太單一化，根據不同疾病我們又會換飼料，這就會造成腸道菌叢上的失衡，造成下痢、便秘、嘔吐，搭配益生菌可以幫助牠的腸道菌叢穩定這樣狗狗對於蛋白質吸收會比較好。

除此之外，益生菌還有助於解除脹氣、消化不良、便秘等腸胃道問題，甚至可以跟疾病互相搭配，比如說腸道破裂的問題，益生菌可以幫助大分子蛋白進入腸道，經由細菌分解產生阿摩尼亞，有助腸道的修復。

另外，也可以從便便的狀況，確認狗狗是不是需要補充營養品，例如狗狗吃到了不適合牠的食物、排出軟便的時候，表示牠沒有辦法吸收糞便裡面的水分；或是糞便大出來以後，裡面還是有一些蛋白質殘留，那就表示他的體內的消化酵素是不夠的，就可以補充一些益生菌來幫忙。

最後想提醒大家，因為每個動物體內益生菌的菌叢都不太一樣，比如生長在台灣的小狗跟生長在日本、美國的小狗不一樣，為什麼不一樣？因為身體很自然會去符合當地的生活習慣和食性，所以益生菌還是要符合當地菌叢為主來吃，會更有效。

病　　症　**骨關節疾病**

對應營養素　**二型膠原蛋白、維生素 D3、鎂**

老年狗有很多骨關節疾病、或是退行性的關節變化，所謂退行變化就是無解，會隨時間而越來越嚴重，包含軟骨素流失、關節出現增生等等。二型膠原蛋白對於關節有潤滑的效果，也可以協助半月膜增生。

除了二型膠原蛋白以外，有關節炎的狗狗也需要補鈣，而鈣質吸收是需要維生素 D3、鎂來輔助的，但是現在人和狗都一樣，都懶得動，很少曬太陽，狗也變成宅狗了，就會缺乏維生素 D，影響鈣質吸收，就需要額外補充，讓成骨細胞可以繼續增生。

病　　症　**異位性皮膚炎**

對應營養素　**乳油木果**

乳油木果可以抵抗發炎，美國大多將乳油木果用在沐浴乳、乳液上，不過我們也建議狗狗可以用吃的，而且是經過研究確認不會有副作用的。

病　　症　**視力退化**

對應營養素　**葉黃素、黑醋栗、玉米黃素、山桑子、蝦紅素、omega3、omega6**

狗狗雖然不能吃葡萄類東西、會中毒，但黑醋栗可以，可以選擇葉黃素搭配玉米黃素、黑醋栗、山桑子這類營養成分的產品，幫助狗狗視力保健；蝦紅素則是對視神經有幫助。另外，以美國研究報告來說，狗狗白內障沒有特效藥，就是吃抗氧化物，像是 omega3、omega6 這類不飽和脂肪酸來避免惡化。

與狗寶貝的生活記錄

睡前撥個 10 分鐘，幫狗狗記錄生活點滴吧！可以參考後方的範例來記錄，手寫或者直接記在手機裡都可以，順便拍張照，一點一點累積與牠的美好回憶，未來當狗狗身體有狀況時，這份記錄對於獸醫師的診斷、用藥等都能有所幫助。

記錄項目主要包含「日期、天氣、狗狗當天的飲食和排泄情形，或其他「特殊情況」，除此之外，也可以記錄下次驅蟲或打預防針的時間。

狗狗的身體狀況會受到季節和氣溫影響，也可能從天氣的記錄中發現狗狗身體變化的規律，除此之外，要瞭解狗狗健不健康，就是觀察牠「吃、喝、玩、樂」的狀況，從記錄吃喝與排泄的情形，就能知道他有沒有活力，身體機能是不是正常運作。

如果有為牠做鮮食餐，不妨記錄下牠對不同食材的接受程度，假如有生病而使用處方飼料的情況，也可以記錄牠吃了多少，吃完看起來還很餓嗎等等;排泄物甚至嘔吐物，則可以從「顏色、形狀、量的多寡」來描述。其他有關狗狗的一切，任何和平常不太一樣的、想要特別寫下來的都可以。

參考範例：

6 月 23 日　　　　天氣：雨天

★驅蟲紀錄：全能狗 S，下次驅蟲日：7/22

★疫苗注射紀錄：八合一疫苗，下次注射時間：2023.6

體重：	5.1kg (比上禮拜多 0.5kg)
早餐：	餵飼料
	→吃光光了
晚餐：	晚上 8 點左右／漢堡排上撒一點飼料
	・牛豬絞肉　・南瓜　・胡蘿蔔絲
	→先吃完漢堡排才把飼料吃完，好像很喜歡漢堡排！
尿尿：	・顏色比平常黃一點，最近可能喝比較少水？
便便：	（在家裡）早上大了有點硬的便便，一顆一顆的
	（散步時）一條完整的便便
散步：	20 分鐘，遇到附近的吉娃娃，互相吠了一陣子
其他：	◎不時會抓抓耳朵後面，好像癢癢的？
	◎半夜有起來喝水
	◎怎麼讓牠多喝水呢？

____月____日　　　　天氣：____

★

★

體重：

早餐：

晚餐：

尿尿：

便便：

散步：

其他：

____月____日　　　天氣：____

★

★

體重：	
早餐：	
晚餐：	
尿尿：	
便便：	
散步：	
其他：	

____月____日　　　天氣：____

★

★

體重：	
早餐：	
晚餐：	
尿尿：	
便便：	
散步：	
其他：	

____月____日　　天氣：____

★

★

體重：	
早餐：	
晚餐：	
尿尿：	
便便：	
散步：	
其他：	

狗狗年齡對照表

狗狗年齡	人類年齡		
	中小型犬	大型犬	特大型犬
2 個月	2 歲	2 歲	2 歲
4 個月	6 歲	6 歲	6 歲
6 個月	10 歲	10 歲	10 歲
8 個月	12 歲	12 歲	12 歲
10 個月	14 歲	14 歲	14 歲
1 歲	16 歲	16 歲	16 歲
1 歲半	20 歲	20 歲	20 歲
2 歲	24 歲	24 歲	24 歲
3 歲	29 歲	30 歲	31 歲
4 歲	34 歲	36 歲	38 歲
5 歲	39 歲	42 歲	45 歲
6 歲	44 歲	48 歲	52 歲
7 歲	49 歲	54 歲	59 歲
8 歲	54 歲	60 歲	66 歲
9 歲	59 歲	66 歲	73 歲
10 歲	64 歲	72 歲	80 歲
11 歲	69 歲	78 歲	87 歲
12 歲	74 歲	84 歲	94 歲
13 歲	79 歲	90 歲	101 歲
14 歲	84 歲	96 歲	108 歲